U0303632

汉译世界学术名著丛书

最 后 的 沉 思

〔法〕彭加勒 著

李醒民 译

范岱年 校

商务印书馆

2019年·北京

Henri Poincaré

MATHEMATICS AND SCIENCE: LAST ESSAYS

(Derniéres Pensées)

Translated from the French by

John W. Bolduc

Dover Publications, Inc. , New York, 1963

汉译世界学术名著丛书
出 版 说 明

　　我馆历来重视移译世界各国学术名著。从五十年代起，更致力于翻译出版马克思主义诞生以前的古典学术著作，同时适当介绍当代具有定评的各派代表作品。幸赖著译界鼎力襄助，三十年来印行不下三百余种。我们确信只有用人类创造的全部知识财富来丰富自己的头脑，才能够建成现代化的社会主义社会。这些书籍所蕴藏的思想财富和学术价值，为学人所熟知，毋需赘述。这些译本过去以单行本印行，难见系统，汇编为丛书，才能相得益彰，蔚为大观，既便于研读查考，又利于文化积累。为此，我们从 1981 年至 1992 年先后分六辑印行了名著二百六十种。现继续编印第七辑，到 1997 年出版至 300 种。今后在积累单本著作的基础上仍将陆续以名著版印行。由于采用原纸型，译文未能重新校订，体例也不完全统一，凡是原来译本可用的序跋，都一仍其旧，个别序跋予以订正或删除。读书界完全懂得要用正确的分析态度去研读这些著作，汲取其对我有用的精华，剔除其不合时宜的糟粕，这一点也无需我们多说。希望海内外读书界、著译界给我们批评、建议，帮助我们把这套丛书出好。

商务印书馆编辑部

1994 年 3 月

中文版译者前言

朱尔·昂利·彭加勒(Jules Henri Poincaré,1854—1912)是法国著名的数学家、天文学家、物理学家和科学哲学家,他以其出众的才华、渊博的学识、广泛的研究和杰出的贡献赢得了国际性的声誉。

昂利·彭加勒1854年4月29日生于法国南希。他的父亲是一位第一流的生理学家兼医生、南希医科大学教授。他的母亲是一位善良、机敏、聪明的女性。他的叔父曾当过国家道路桥梁部的检察官。他的堂弟雷蒙·彭加勒(Raymond Polncaré)曾几度组阁,任总理兼外交部部长,并于1913年1月至1920年初任法兰西第三共和国第九届总统。

昂利·彭加勒自幼受到良好的家庭教育,很早就对自然、历史和经典名著表现出极大的兴趣。15岁时,他深深地爱上了数学。1872年至1875年,他在巴黎高等工业学校学习。从该校毕业后,年方21岁的彭加勒又进入国立高等矿业学校深造,打算做一名工程师,但一有空,他就劲头十足地钻研数学,并在微分方程一般解的问题上初露锋芒。1879年8月1日,他因这个课题的论文而获得数学博士学位。在煤矿见习期间,他虽然具有一个真正的工程师的素养,但是这个职业与他的志趣不相符合。在得到博士学位四个月后,他应聘到卡昂大学做数学分析教师。两年后,他升迁到巴黎大学执教。除了在欧洲参加科学会议和 1904 年应邀到美国圣路易斯博览会讲演外,他一生的其余时间都是在巴黎大学度过的。

彭加勒是一位杰出的科学开拓者和敏锐的思想家。他在数学、天文学、物理学和科学哲学等领域都有开创性的贡献。在短暂的一生里(仅活了 58 岁),就写了将近五百篇科学论文和 30 部专著,其中还不包括颇受欢迎的科学哲学著作和趣味盎然的科普著作(为此他被认为是法国的散文大师)。这一切,使他成为当时世界上最有智慧、最有影响的科学家之一。他被熟悉他的工作的人誉为"理性科学的活跃智囊"、"起统帅作用的天才"、"本世纪初唯一留下的全才"。

科学上的巨大成就使彭加勒赢得了法国政府所能给予的一切荣誉,也赢得了英国、俄国、瑞典、匈牙利等国的奖赏。1887 年,他被选为巴黎科学院成员,1906 年当选为巴黎科学院主席。1908年,他被选为法国科学院院士,这是一个法国科学家所能得到的最高荣誉。

彭加勒是一位堪与高斯(C. F. Gauss)媲美的大数学家。可以说,19 世纪数学的发展一开始就在数学巨人高斯的身影笼罩之下,而后来又在同样是数学大师的彭加勒的支配之中。彭加勒被认为是 19 世纪末和本世纪初的数学主宰,是对数学和它的应用具有全面知识的最后一个人。彭加勒在数学的四个主要部门——算术、代数、几何、解析中的成就都是开创性的,尤其对函数论、代数几何学、数论、代数学、微分方程、代数拓扑学等分支都有卓越贡

献。彭加勒说过,数学家具有两种截然相反的倾向。有的人具有
不断扩张版图的兴趣,在攻克某个难题后,便抛开这个问题,急着
出发进行新的远征。另外的人则专心致志地围绕这个问题,从中
引出所有能够引出的结果。彭加勒本人则属于前一种类型。法国
数学家、彭加勒的传记作家达布(G. Darboux)谈到彭加勒这一特
点时说:"他一旦达到绝顶,便不走回头路。他乐于迎击困难,而把
沿着既定的宽阔大道前进、肯定更容易到达终点的工作留给他
人。"

　　在天文学方面,彭加勒的主要工作有三项:旋转流体的平衡形
状(1885 年);太阳系的稳定性,即 n 体问题(1899 年);太阳系的起
源(1911 年)。彭加勒在这些问题上的解决方法在当时十分先进,
以致在 40 多年后,还没几个人能够掌握他的这一锐利武器。他
的早期研究成果汇集在专题巨著《天体力学的新方法》(三卷本,
1892、1893、1899 年)中,这部巨著被认为是开辟了天体力学的新
纪元,可与拉普拉斯(P. S. M. de Laplace)的《天体力学》并驾齐
驱。接着该书的是另一部三卷本著作《天体力学教程》。稍后又有
讲演集《流体质量平衡的计算》和一本历史批判著作《论宇宙假
设》。达布在评价彭加勒的这些工作时说:"在 50 年间,我们生活
在著名德国数学家的定理上,我们从各个角度应用、研究它们,但
是没有添加任何基本的东西。正是彭加勒,第一个粉碎了这个似
乎是包容一切的框架,设计出展望外部世界的新窗户。"

　　彭加勒讲授物理学达 20 年以上,结果使他成为理论物理学所
有分支的第一流专家。他特别偏好光理论和电磁理论,研究了三
维连续统的振幅,弄清了导热问题以及势论方面的电磁振荡问题,

论证了狄利克雷原理。值得指出的是,彭加勒对物理学革命作出了直接贡献。由于他的建议,客观上促成贝克勒耳(H. Becquerel)于1896年发现了放射性。是他的推动,使洛伦兹(H. A. Lorentz)于1904年提出了完整的经典电子论。彭加勒是相对论的先驱。早在1900年之前,他就掌握了建造相对论的必要材料:他于1895年第一个提出尝试性的建议,认为像相对性这样的原理应该是必要的;1898年,又是他第一个讨论了假定光速对所有观察者都是常数的必要性,同时还讨论了用交换光信号确定两地同时性的问题。他在1904年还惊人地预见了新力学的大致图像。尤其使人赞叹的是,在1904年后期到1905年中期,彭加勒给洛伦兹写了三封信,其中在第三封信中完成了洛伦兹变换形成一个群的证明。这三封信的思想后来写在《论电子动力学》(1905年6月5日发表了缩写本,全文于1906年发表。需要说明的是,爱因斯坦的狭义相对论论文是1905年9月发表的)一文中,为了符合在具有确定的正规度 $x^2 + y^2 + z^2 + \tau^2 (\tau = ict)$ 的“四维空间”中的不变量理论,他首次使用了虚时间坐标。这正是闵可夫斯基(H. Minkowski)1908年把狭义相对论数学化的思想精髓。

1911年的索耳末(Solvay)物理学会议使量子论越出了德语国家的国界,大大激励了彭加勒的敏锐思想,促使他在临终前的半年时间内,以难以置信的毅力和速度从事这项困难的研究,写出了长篇专题论文和一篇评述性文章,在学术界(特别是在英国学术界)产生了很大影响,在量子论的传播和发展中作出了新贡献。此外,彭加勒在20世纪开头就洞察到物理学危机,并对它进行了系统的分析和论述。他认为,物理学危机是物理学发展的必经阶段,它预示着一种行将到来的变革,是物理学革命的前夜,因此它是好事而不是坏事。他正确地指出,要摆脱危机,就要在新实验事实的基础上重新改造物理学,使力学让位于一个更为广泛的概念。他一再肯定经典理论的固有价值,针锋相对地批判了"科学破产"的错误观点,对科学的前途充满信心。这些论述,对物理学家清醒地认识物理学面临的大变革形势,澄清一些风靡一时的糊涂观念不无裨益。

彭加勒对科学和数学的哲学意义一直怀有浓厚的兴趣。他于1902、1905 和 1908 年先后出版了《科学与假设》、《科学的价值》和《科学与方法》。在他逝世后的第二年,勒邦(G. Le Bon)集其遗著编辑出版了《最后的沉思》(1913 年),这是彭加勒所期望的第四本科学哲学著作。彭加勒的这些著作被译成英、德、俄、西班牙、匈牙利、瑞典、日、中等文字,几乎传遍了整个世界。

在科学哲学上,彭加勒继承了马赫(E. Mach)和赫兹(H. Hertz)的传统,汲取了康德(I. Kant)的一些思想,并通过对他的科学研究实践的总结和对当时科学成就的深思,提出了不少富有启发性的新思想。彭加勒是约定主义的创始人,他本人是一位温和的约定主义者。他承认科学的目的是寻求真理,即使科学原理(有别于定律)也要由实验来最终裁决,因为实验是真理的唯一源泉。他充分肯定了科学的固有价值,认为科学发展具有连续性和继承性,在科学理论的更迭中,真关系将通过融化在更高级的和谐中而得以保留。这完全是科学实在论即唯物论的态度。彭加勒通过对科学的哲学反思看到,无论是康德的先验论,还是马赫的经验论,都不能说明科学理论体系的特征,为了强调在从事实过渡到定律以及由定律提升为原理时,科学家应充分享有发挥能动性的自由,他提出了约定主义。彭加勒认为,在数学及其相关的学科中,可以看出自由约定的特征。约定是我们精神自由活动的产品。我们在所有可能的约定中进行选择时,要受实验事实的引导;但它仍是自由的,只是为了避免一切矛盾起见,才有所限制。约定主义既要求摆脱狭隘的经验论,又要求摆脱先验论,它反映了当时科学界自由创造、大胆假设的要求,在科学和哲学上都有其积极意义。彭加勒的约定主义和马赫的经验主义是逻辑经验主义兴起的哲学基础,因此彭加勒理所当然地被认为是逻辑经验主义的始祖之一。彭加勒也是一位热情的理性主义者和理想主义者。

彭加勒对科学方法论问题也有专门研究。关于假设、科学美。简单性原则、事实的选择、直觉与发明创造,他都有精彩的论述和独到的见解。彭加勒还兴趣十足地探讨了物理学理论的形式和系统的特点,也涉及发现的心理学方面的问题。在数学哲学上,彭加勒在发现了数学悖论的情况下复活了直觉主义,并且形成了广泛的运动,他的立场使他成为数学直觉主义学派的先驱。他批判了罗素(B. Russell)、皮亚诺(G. Peano)等人为代表的逻辑主义和以希尔伯特(D. Hilbert)等人为代表的形式主义,但也不是完全排斥它们。

毋庸讳言,彭加勒的科学哲学思想并非完美无缺,但是确有许多东西值得借鉴和汲取,我们相信,聪明的读者肯定会以公允的态度正确对待这一历史遗产。在这里值得指出的是,彭加勒是一位学识渊博的科学家,他在论证自己的哲学观点时,不仅大量引证了他所精通的数学、物理学、天文学方面的材料,而且也旁及化学、生物学、地质学、生理学、心理学等领域,他所掌握的材料的丰富绝非纯粹哲学家所能企及;同时,他也是一位具有哲学头脑的科学家,他研究、探索的问题,往往超出了一般科学家的视野。由于他具有如此优越的条件,所以在他的有关论述中,不时迸发出发人深省的思想火花,其中有些论点可以当之无愧地列为人类的思想财富。难怪爱因斯坦称他为"敏锐的深刻的思想家"。

　　1912 年 7 月 17 日,彭加勒在久病之后,因栓子(堵塞血管使血管发生栓塞的物质)而十分突然地去世了。在茫茫的夜空中,一颗"智多星"陨落了! 这颗"智多星"曾发出了他所能发出的熠熠光亮,即使在坠入大地之前,也要把最后一道余光毫无保留地奉献给人间。1912 年初,彭加勒还在思考一个新数学定理,这就是把狭义三体问题周期解的存在归结为平面的连续变换在某些条件下不动点的存在问题。他感到自己没有精力彻底解决这个问题了,便一反通常的习惯,把这篇"未经深究和修改的论文"寄给《数学杂志》请求发表,希望它能把其他人"引到新的、未曾料到的路线上"。同年春,彭加勒再次患病,但他还是顽强地工作着。4 月,他在法国物理学会的一次讲演中又谈到他冥思苦想的量子论问题,他要求人们不要为推翻根深蒂固的旧见解而烦恼。在当月发表的评述性文章中,他明确指出:"把不连续引入自然定律","这样一个非同寻常的观点能够成立","自牛顿以来,自然哲学所经历的最引人注目的革命可能就在其中。"他甚至大胆地猜测,量子跃迁也适合于宇宙万物,宇宙会突然地从一个状态跃迁到另一个状态,但是在间歇期间,它依然是不动的。宇宙保持同一状态的各个瞬时不再能够相互区别开来,这将导致时间的不连续变化,即时间原子(atom of time)。彭加勒在临终前三周,即 1912 年 6 月 26 日,又抱病在法国道德教育联盟成立大会上发表了最后一次公开讲演。他说:"人生就是持续的斗争","如果我们偶尔享受到相对的宁静,那正是我们先辈顽强地进行了斗争。假使我们的精力、我们的警惕松懈片刻,我们就将失去先辈为我们赢得的成果。"他还指出:"强求一律就是死亡,因为它对一切进步都是一扇紧闭着的大门;而且所有的强制都是毫无成果的和令人憎恶的。"彭加勒的一生就是自由思考、持续斗争的一生。

可是,彭加勒本人及其思想曾被不少人误解和曲解。长期以来,在前苏联、东欧、日本和我国的许多出版物中,彭加勒竟被描绘成在科学史上"兴风作浪"的反面人物,他就哲学问题所发表的见解也被斥为"唯心主义的胡说","任何一句话都不可相信"。当我们用事实*拭去他脸上厚厚的油彩和尘埃时,难道不应该作一点历史的沉思吗?

《最后的沉思》法文原版于 1913 年出版。1963 年,在美国纽约出版了该书的英译本——《数学和科学:最后的论文》。中译本按英译本译出。彭加勒的这部遗著收录了彭加勒在最后的科学生涯中就数学和科学以及它们的哲学所发表的九篇文章和讲演,其中包含着他的一些值得注意的见解。

《规律的演变》一文就自然规律问题进行了哲学思考;《空间和

---

　　* 关于这方面的详细材料,请参见李醒民:《昂利·彭加勒——杰出的科学开拓者和敏锐的思想家》,(自然辩证法通讯),1984 年第 3 期。

时间》讨论了相对性问题;《空间为什么有三维?》对这个问题作了新颖的解释;《无限的逻辑》讨论了罗素的类型理论;《数学和逻辑》分析了实用主义和康托尔主义对数学在逻辑中的作用的见解,提出了作者自己的看法;《量子论》是作者临终前不久写的一篇评述性文章,论述了量子论及其应用,阐述了作者独到的观点;《物质和以太之间的关系》讨论了世纪之交物理学家普遍关心的问题;最后两篇《伦理和科学》及《道德联盟》论述了伦理和科学的关系,说明了科学在道德教育中的重大作用。这些文章和讲演文笔流畅、言简意赅、发人深省,值得对科学与哲学有兴趣的读者一读,对从事科学史、科学思想史、科学哲学研究的同志,尤其有参考价值。

　　本书的翻译和出版得到许良英、高崧及商务印书馆哲学编辑室有关同志的大力支持,范岱年同志在百忙中抽时间校对译文,在此一并致谢。由于译者水平所限,译本中的错误在所难免,欢迎读者批评指正。

李 醒 民

目　　录

英文版译者说明…………………………………………… 1

法文版前言………………………………………………… 2

第一章　规律的演变……………………………………… 3

第二章　空间和时间……………………………………… 21

第三章　空间为什么有三维？…………………………… 34

第四章　无限的逻辑……………………………………… 59

第五章　数学和逻辑……………………………………… 85

第六章　量子论…………………………………………… 98

第七章　物质和以太之间的关系………………………… 115

第八章　伦理和科学……………………………………… 130

第九章　道德联盟………………………………………… 146

索引………………………………………………………… 151

中译者附录　彭加勒——理性科学的"智多星"………… 155

中译者附识………………………………………………… 199

英文版译者说明

正如诗人为了以充分的气势表达他的思想,使完成的作品获得必要的节奏和韵律而必须寻找合适的字眼一样,译者为了用一种语言准确地、以同样的气势传达作者用他原来的语言所阐述的思想,也必须如此,只有这样才能达到恰如其分的描述。在这个过程中,语言——按译者的看法——往往丧失它们的一致性,并且一种语言往往具有其他语言所没有的特殊风格。

因此,我特别感谢华莱士·L.戈尔茨坦博士,他帮我指出由于两种语言的结合而产生的语法结构方面的缺憾。在校对原稿和编制索引方面,他的帮助同样是重要的。但是,最后结果中的任何错误都是我本人的。

约翰·W.布尔达克

法文版前言

在《最后的沉思》的书名下收集了各种不同的文章和讲演,昂利·彭加勒先生本人期望它们能构成他的科学哲学著作的第四卷。以前的所有论文和文章都已经包括在前三卷中。

指出前三卷惊人的成功也许是多余的。在这些书中,作为最杰出的现代数学家的彭加勒被证明是一位著名的哲学家和作家,他的著作深深地影响了人类的思想。

十分可能,假使昂利·彭加勒自己出版这本书,他也许会修改某些细节,消除一些重复。但是,在我们看来,考虑到对这位伟大人物的敬意,不应该对他的原文作任何删改。

用对昂利·彭加勒著作的评论来作这本书的前言,似乎同样是多余的。许多学者已经对这些著作作过评价,任何评述恐怕都不会增加这位伟大天才的荣耀。

G. 勒邦

第一章　规律的演变

　　布特鲁(Boutroux)先生在他的论自然规律偶然性的著作中间道:自然规律是否不轻易变化呢? 如果世界连续不断地演化,那么支配世界这种演化的规律本身是否唯一地被排除在所有的变化之外呢? 这样一种概念从来也没有被科学家接受,在他可能理解这种概念的意义上,除非否认了科学的合理性和真正的可能性,科学家是不会接受它的。但是,哲学家却保留着询问这一问题的权利,以便考虑它所限定的各种答案,审查这些答案的后果,并力图使它们与科学家的合理要求协调一致。我乐于考虑该问题能够呈现出的几个方面。因此,我将不得出所谓的结论,而是得出各种各样的想法,这些想法也许不会使人兴味索然。在这个过程中,如果我随意详细地考虑某些有关的问题,我希望读者宽恕我。

I

　　首先,让我们设想数学家的观点。让我们暂且承认,物理规律在很长的世世代代的过程中已经经历了变化,让我们扪心自问,我们是否会具有觉察到这些变化的手段。让我们首先不要忘记,在人们生活和思考过的若干世纪之前,有一个无法比拟的更漫长的

时期,当时人类还不存在呢;毫无疑问,今后接着的将是人种灭绝
的时代。确实,如果我们要相信规律的演变,那么这种演变只能是
很缓慢的,以致在人类能够论证的若干年内,自然规律只会经历不
显著的改变。如果规律在过去的确演变了,我们必须通过地质学
上的过去来了解。以前的[地质]时代的规律是今天的规律吗?明
天的规律还将是相同的吗?当我们询问这样一个问题时,我们必
须把什么样的意义赋予"以前"、"今天"和"明天"这些词语呢?所
谓"今天",我们意指有历史记载的时期;所谓"以前",我们意指有
历史记载之前的亿兆年,在这个时期,鱼龙安宁地生活着,没有什
么哲学思考;"明天"意谓随后的亿兆年,在这个时期,地球将变冷,
人类将既没有眼睛去观察,也没有大脑去思考。

　　由此看来,规律是什么呢?它是前因和后果之间、世界的目前
状态和直接后继状态之间的恒定联系。知道宇宙每一部分目前的
状态,通晓所有自然规律的理想的科学家就会掌握固定的法则,运
用这些法则推导这些相同的部分在明天所处的状态。可以设想,
这个过程能够无限地进行下去。知道世界在星期一的状态,我们
便能够预言它在星期二的状态;知道星期二的状态,我们便能够用
同样的过程推断它在星期三的状态;如此等等。但是这并非一切;
如果在世界的星期一的状态和星期二的状态之间存在着恒定的联
系,那么就有可能从第一种状态推论出第二种状态。可是,这个过
程也可以反过来进行;也就是说,如果已知世界在星期二所处的状
态,就有可能推断出星期一的状态;从星期一的状态我们将能推断
出星期天的状态;如此等等。因此,有可能向后以及向前追踪时间
的进程。知道了现在,掌握了规律,我们就能够预言未来,但我们

同样也能够了解过去。这个过程基本上是可逆的。

　　由于我们在这个结合点上采取数学家的观点,因此我们必须给这个概念以它所要求的全部精确性,即使它变得必需利用数学语言。那么我们应该说,规律的主体等价于把宇宙的不同元素的变化速度与这些元素的现在值联系起来的微分方程组。

　　正如我们知道的,这样一个微分方程组包含着无限个数的解。但是,如果我们取所有元素的初始值,即取它们在 $t=0$ 时刻(这在日常语言中相当于"现在")的值,那么解就完全被确定,以致我们能够计算所有元素在无论任何时候的值,不管我们假定相应于"未来"的 $t>0$,还是假定相应于"过去"的 $t<0$。重要的是要记住,从现在推导过去的方式与从现在推导将来的方式没有区别。

　　因此,我们认识地质上的过去意味着什么呢;也就是说,我们认识规律可能已经变化了的以前时代的历史意味着什么呢? 这种过去不能被直接观察到,我们只是通过它留在现在的痕迹认识它。我们只有通过现在认识过去,我们只能通过我们刚刚描述的[推断]过程推断过去,这个过程将容许我们以同样的方式推断未来。但是,这个推断过程能够揭示规律的变化吗? 显然不能,因为我们只能在假定规律没有改变的情况下精确地应用这个原则;例如我们仅仅直接知道世界在星期一的状态和把星期天的状态与星期一的状态联系起来的法则。因此,应用这些法则将使我们知道星期天的状态;可是如果我们希望进一步探索,希望推断世界在星期六的状态,那么我们绝对有必要承认,容许我们推断从星期一到星期天的同一法则在星期天和星期六之间还是有效的。没有这一点,容许我们推断出的唯一结论就是,不可能知道在星期六发生了什么。因而,如果规律的不变性在我们所有推断过程的前提中起作用,那么它必然在我们的结论中出现。

知道行星现在的轨道,勒维烈(Leverrier)能够根据牛顿定律计算这些轨道在一万年后将是什么样子。无论他在计算中运用什么方法,他决不能认为牛顿定律在几千年中会变得不正确。他只要在他的公式中改变时间因子的符号,便能够计算出这些轨道在一万年前是什么样子。但是他预先肯定没有发现牛顿定律并非总是正确的。

总之,我们无法认识过去,除非我们承认规律不改变;如果我们承认这一点,那么规律演变的问题就毫无意义;如果我们不承认这个条件,那么认识过去的问题便不可能有解,正如与过去有关的所有问题一样。

II

然而,人们可能会发问:应用刚刚描述的过程就不能导致矛盾吗?或者,如果我们希望的话,我们的微分方程就不能无解吗?既然在我们论证开始时提出的规律不变性的假说导致出荒谬的结果,那么我们已格外荒谬地证明了,规律已经改变,同时我们永远也不能知道是在什么意义上的改变。

既然这个过程是可逆的,我们刚刚说过的道理同样可以适用于未来,似乎存在着这样一些情况:那时我们能够说,在一个特定的日期之前,世界会到达末日或改变它的规律;例如,当我们的计算表明,在那一天我们必须考虑的一些量中的一个正好变成无限或呈现出物理学上不可能的值。世界末日或改变它的规律将是同样的事情；与我们的规律不相同的世界将不再是我们的世界，而是另一个世界。

研究现在的世界和它的规律将会导致我们易于表述这样一些矛盾，这是可能的吗？规律是通过经验得出的；如果规律告诉我们，星期天的条件 A 把我们引向星期一的条件 B，这是因为我们既观察到条件 A 也观察到条件 B。因此，正是因为这两个条件没有那一个在物理学上是不可能的。如果我们进一步追踪这个过程，如果我们完成了从一天到下一天，即从条件 A 到条件 B 的每一时间进程，接着完成从条件 B 到条件 C，然后从条件 C 到条件 D 等等的每一时间进程，这是因为这些条件在物理学上是可能的。例如，假如条件 D 在物理学上是不可能的，我们就绝不能获得经验，来证明条件 C 在某一天结束时产生条件 D。不管推导进行得多么长，我们因此永远达不到在物理学上是不可能的条件，即得不出矛盾。如果我们的表述之一没有摆脱矛盾，那么我们或许已经超越了经验的界限；我们也许已经外推到界限之外了。例如，让我们设想，我们观察到，在给定的环境下，一个物体的温度每天降低一度。如果它现在的温度是 20℃，我们便可以计算出，在 300 天后温度将是 -280℃；这将是荒谬的，在物理学上是不可能的，因为绝对零度是 -273℃。这怎么能够加以解释呢？我们曾经观察到温度从 -279℃ 降到 -280℃ 吗？当然没有，因为这两个温度不可能被观察到。例如，我们看到，在 0℃ 和 20℃ 之间，该规律是正确的，至少十分近似地正确，但我们不恰当地得出结论说，它在 -273℃ 甚至在低于此温度时同样也是正确的。我们已经犯了无根据的外推的错误。但是,存在着无限多个外推经验公式的方法,在这些方法中,总是可以选择一种排除那些在物理学上是不可能的状态的方法。

我们仅仅是不完全地认识一些规律。经验只不过限制我们的选择;从经验容许我们选择的所有规律中,总可能找到某些规律,这些规律不会把我们引向我们刚才提到过的那类矛盾,并且能够迫使我们得出规律并非永远不变的结论。能证明规律演变的这样一种手段还未被我们发现,不管它涉及到证明规律将要改变,还是涉及到证明规律已改变。

III

在这点上,我们会面对这样一个实际的争论。"你们说,在从现在论证过去的尝试中(这是通过理解规律而成为可能的)我们将永远不会遇到矛盾。然而,科学家却遇到了这样的矛盾,这不可能像你们所想的那样十分容易防止。我姑且承认,它们可能只不过乍看起来是矛盾,或者我们可以继续希望去解决它们;但是,按照你们的推论,即使表面的矛盾也是不可能的。"

让我们立即引证一个例子。如果我们根据热力学定律计算太阳已经能够发热的时间长短,我们确定这大约是五千万年。对于地质学家来说,这个时间长度是不够的。不仅对于有机生命的进化来说,如此迅速地发生是不可能的——这是我们可能会争论的一个方面——而且我们发现存在植物和动物残骸的地层沉积恐怕也需要十倍长的时间,没有太阳光,这些动植物是不会苗壮成长的。

使矛盾成为可能的理由在于,所依据的地质学的证据与数学家的证据大为不同。当我们观察相同的效果时,我们推论原因也是一致的。例如,当我们发现属于现在活着的一个科的动物的化石时,我们得出结论说,使这些动物旺盛繁殖的一些必要条件在包含沉积这些动物化石的地层时代的同一时期也完全存在。

乍看起来,那是数学家所运用的相同的方法,在前一节我们已设想了数学家的观点。数学家也得出结论,既然规律没有变化,同一的效果只能够由同一的原因产生。然而存在着一个基本的差别。让我们考察世界在一个给定瞬时和较早一个瞬时的状态。世界的状态,或者甚至是世界很小一部分的状态都是极其复杂的,都依赖于大量的要素。为了简化解释,我们将假定只有两个要素,使得这两个给定的量足以规定这一状态或条件。例如,在稍后的瞬时,这些已知量将是 A 和 B;在稍前的瞬间是 A' 和 B'。

数学家从收集到的经验定律中推导出的公式告诉他,状态 AB 只能够从先前的状态 $A'B'$ 中产生出来。但是,如果他只知道一个给定的量,例如 A,而不知道 A 是否被另一个给定的量 B 伴随着,那么他的公式不容许他得出任何结论。至多,如果现象 A 和 A' 对他来说似乎是相互关联的,而 B 和 B' 却相对独立,那么他将论证从 A 到 A';总之,他都不能仅仅从条件 A 推导出两个条件 A' 和 B'。相反地,只观察到效果 A 的地质学家将会得出结论,这个效果只能通过原因 A' 和 B' 的会聚来产生,从朴素的观点看来,原因 A' 和 B' 往往产生这个效果。因为在许多情况下,这个效果 A 是如此特殊,以致任何产生相同结果的任何其他原因的会聚是绝对不可能的。

如果两个有机体是相同的或仅仅是类似的,那么这种类似性不能归因于机遇,并且我们能够断言,它们已在类似的条件之下存在。在发现它们的残骸时,我们将不仅肯定,曾经存在一种类似于我们看到已从中发育出相似的生物的种子,而且也将确定,为了该种子的发育,外界温度是不太高的。否则,这些残骸正如十七世纪人们认为的那样,只不过是天生的怪物。不用说,这样一个结论是与情理绝对相反的。而且,有机物残骸的存在只不过是比其他情况更为令人注目的极端例子。我们可以把我们自己限制在无机世界,并且依然可以引证同类例子。

因此,地质学家从而能够在数学家无能为力的场合引出结论。但是,我们注意到,地质学家不再像数学家那样信心十足地反对矛盾。如果他从单一的情况引出有关以前许多情况的结论,如果结论的范围在某些方面比前提的范围更为广泛,那么有这样的可能,从特定观察得出的推论将与从另外的观察推导出的结论不一致。每一个孤立的事实都可以说是一个发光中心,数学家从这些事实中的每一个推导出单一的事实;地质学家从它们中推导出复合的事实。从给定的光点,他推知或大或小尺度的光轮。然后,两个光点将给他两个可能重叠的光轮;从而具有冲突的可能性。例如,如果他在地层中发现在低于 20℃ 的温度下不能旺盛繁殖的软体动物,他将得出结论说,这个区域的海洋在那个世代曾经是温暖的。可是后来,如果他的一个同事在同一地层发现了另外一种在温度高于 5℃ 就会死亡的动物,他会得出结论说,这些海洋是寒冷的。

人们有理由期望,观察结果事实上不会有矛盾,或者矛盾并非不可解决。但是,可以这样说,我们不再保证通过形式逻辑的规则本身来防止矛盾。这样,通过像地质学家那样所作的推理,我们可能感到奇怪,我们是否将在某一天不被引导到一个荒谬的结果去呢,这个结果将迫使我们承认规律的可变性。

IV

让我在这里暂且离开主题。我们刚才看到,地质学家具有一种工具,这种工具是数学家所缺少的,它容许地质学家从现在得出有关过去的结论。为什么同样的工具不容许我们从现在作出有关将来的推论呢?假若我遇到一个二十岁的人,我确信他走过了从童年到成年的一切阶段,从而确信在过去二十年间地球上未曾有过消灭一切生命形式的灾变。但是,这并没有以任何方式向我证明,在下一个二十年内将不存在灾变。我们有方法认识过去,当涉及到未来时,这种方法却使我们失望,正是这个缘由,对我们来说,未来似乎比过去更为神秘。

我不得不提到我过去写的关于机遇的一篇文章。在那篇文章里,我请求注意拉朗德(Lalande)先生的意见。与此相反,他曾经说过,即使未来由过去决定,而过去却不由未来决定。按照他的观点,一个原因只能够产生一个结果,而相同的结果却能够由几个不同的原因产生。如果事情是这样的话,过去可能是神秘的,未来却容易认识。

我不能接受这种意见,可是我已指明,它的起源可能是什么。[8]卡诺(Carnot)原理告诉我们,能量不会被消灭,但却能够消散。温度趋向于一致,世界趋向于均匀,即趋向于死寂。因此,原因上的

巨大差别只在结果上产生些微差别。一旦结果上的差别变得小到
无法觉察,我们就不再有任何方法了解过去在产生这些结果的各
种原因之间存在的差别,不管这些差别曾经多么大。

　　然而,这恰恰是因为,所有事物都趋向于死寂,而生命则是一
个必须加以解释的例外。

　　设滚动着的卵石由于机遇离开山坡,它们都将滚落到山谷为
止。如果我们在山脚下找到它们中的一个,那么这将是一个平常
的结果,它无法告诉我们卵石原先的来历,我们将无法了解它在山
上的初始位置。可是,假使我们偶尔在山顶附近发现一块石子,我
们能够断言,它总是在那里,因为如果是在斜坡上,它就会滚到最
低处。我们比较肯定地作出这一断言,该事件愈是例外,这种情况
不会发生的机遇也愈大。

V

　　我只是顺便提起这个问题,它值得更多地思考,但是我不希望
离题太远。地质学家的矛盾将永远引导科学家作出有利于规律演
变的裁决,这是可能的吗? 首先,让我们注意,仅仅是在它们的初
始阶段,科学使用了类似于现在地质学必定感到满足的推理方法。
当科学发展时,它们接近天文学和物理学似乎已经达到的状态,在
这个状态、规律能够用数学语言确切地加以说明。假若如此,我们
在这篇论文开始所说的东西将再次被认为是无条件地正确的。但
是,许多人认为,所有的科学必定或快或慢地一个接一个地经历了
同样的演化过程。如果是这种情况,那么可能产生的困难只不过

是暂时的,并且当科学一旦进步到超过幼年阶段,这种困难注定要消失。

但是,我们不需要等待这种不确定的未来。地质学家的类比推理方法由什么组成呢?一个地质学事实对他来说是如此类似于现在的事实,以至于他不能够设想把这种类似性归因于机遇。他相信,只要他假定这两个事实在完全相同的条件下产生,他就能够解释这种类似性。他会设想,条件是相同的,下述情况除外:如果自然规律在此期间同时变化了,那么整个世界会变化到无法辨认的程度。他可能会坚信,温度一定是保持相同的,而作为推翻整个物理学的一个后果,温度的影响恰恰会变得完全不同,以至于甚至温度这个词会失去所有的意义。显然,无论发生什么情况,他永远也不会接受这个观点。他看待逻辑的方式是绝对反对这种观点的。

Ⅵ

如果人类的生存时间比我们设想的还要长,长到足以看到规律的显著改变,事情将会怎么样?接着还有,如果人类已经获得足以感觉到这种规律改变的仪器——不管规律的改变是多么缓慢——在几代人之后就变得可以分辨,事情又将怎样?从而,我们将不再通过归纳和推理,而宁可通过直接的观察来了解规律的改变。一些先前的论据不会完全失去它们的价值吗?记载我们祖辈经验的回忆录只不过是过去的遗迹,它们向我们提供的仅仅是这种过去的间接知识。对于历史学家来说,古老的文献就是地质学家的化石,而以前科学家的成就只不过是古老的文献而已。至于以前那些科学家的思想倾向,除了关于以前时期的人与我们相类似的程度之外,它们什么也没有揭示出来。如果世界的规律是变化的,宇宙的所有部分都会受到影响,人类也不能够逃避这些影响。即使我们暂且承认人类能够在新的环境里兴旺繁盛,但也必须有所改变,以便能够适应这种环境。而且,以前时代的人的语言对我们来说会变得不可理解;那些人所使用的词汇对我们已不再有任何意义,或者对他们来说具有不同的意义。即使物理学规律依然保持不变,但在几个世纪以后发生的事情难道不是那样吗?

10　　　于是,我们返回到相同的两难困境:或者古文献在我们看来仍然是完全清楚的,因而世界将依然是相同的,那些文献不能告诉我们任何不同的东西;或者古文献将成为不可理解之谜,根本不能够告诉我们任何事情,甚至不能告诉我们规律已经演变。我们充分地了解到,使文献变成死文字的情况几乎不可能发生。

再者,古人像我们一样,只具有一些自然规律的零碎知识。我们总能够找到某些方法把这两种片断知识联系起来,即使它们依然是未经触及的;如果留给我们的只是最古老的片断知识的模糊的、不确定的和已被半遗忘的图像,那么就更有理由去做这个工作。

VII

让我们采取另一种观点。通过直接观察得到的规律永远只不过是作为结果而产生的东西。让我们以马利奥特(Mariotte)定律为例。对大多数物理学家来说,它仅仅是气体分子运动论的结果;气体分子以相当大的速度运动着,它们描绘出复杂的轨迹,如果我们知道它们相互吸引和排斥的规律,我们就能够写出它们的严格的方程式。根据概率计算法则分析这些轨迹,我们成功地证明,气体的密度正比于它的压力。

因而支配可见物体的规律可简单地归结于分子规律。

而且,规律的简单性仅仅是表面的,它隐藏着极其复杂的实在,因为实在的复杂性是由大量的分子来度量的。可是,恰恰因为这个数目是很大的,以致细节上的不一致相互得以补偿,从而我们认为存在着和谐。

分子本身可能是小型的世界;它们的规律也可能只是作为结果而发生的,为了发现原因,我们要继续延伸到分于的分子,而不知道这个过程何时可告结束。

因此,可观察的规律取决于两件事:分子的规律和分子的排列。享有不变性的正是分子的规律,因为这些规律是真正的规律,而其他规律只不过是表观的规律而已。但是,分子排列能够变化,可观 11 察的规律也随之变化。这也许是人们相信规律演变的一个理由。

VIII

我设想一个各个部分都能如此完全地传导热量的世界,以致它们始终保持温度平衡。这样一个世界的居民不可能有我们称之为温度差的概念,在他们的物理学著作中,也没有论述计温学的章节。除此而外,这些著作可以是相当完备的,它们会告诉我们许多规律,即使这些规律比我们的规律要简单得多。

现在,让我们设想,这个世界由于辐射而慢慢冷却下来,温度仍将处处保持均匀,但却随时间的推移而降低。我还设想,一个居民处于嗜眠症状态,在几百年后才苏醒过来。由于我们已经假定了如此之多的情况,让我们姑且承认,他能够生活在一个较冷的世界里,并且能够回忆起以前的经验。他将观察到,他的子孙还在写物理学著作,他们仍然没有提及计温学,但是他们讲授的规律完全不同于他所认识的规律。例如,他曾被告知,水在 10 毫米汞柱的压力下沸腾,而新的物理学家观察到,为了使水沸腾,压力必须减小到 5 毫米汞柱。他已知的处于液态的物体现在仅以固态的形式出现,如此等等。宇宙各部分之间的相互作用都取决于温度,只要一旦温度变化了,每一种事物都要被打乱。

好了,正如那个幻想世界的居民对温度无知一样,我们也不知道这样一个物理实在,那么我们是否知道确实没有这样一个物理实在?与一个球的温度通过辐射而持续地丧失它的温度不一样,这个物理实在是否不持续地变化,而且这种变化是否不引起所有规律的变化,我们知道这些吗?

IX

12   让我们返回到我们想象的世界,让我们扪心自问,这个世界的居民在没有重复以弗所*睡眠者的故事的情况下,是否不会注意

---

* 以弗所(Ephesus)是小亚细亚的一个古城。关于以弗所睡眠者的意思,请参阅《新约圣经》中的圣保罗致以弗所居民使徒书和帕德里克·科拉姆(Padraic Colum)的《森林中的铁匠铺》(*The Forge in Forest*)一书中的"七个睡眠者"一节(第 295—302 页)(麦克米伦公司)。——英译者注

到这种演变。毫无疑问,无论在这个行星上热传导是多么完全,传导性也不会是绝对的,极微小的温度差还是有可能的。这些在一段很长的时间也许观察不到,但是可能有那么一天,会设计出更灵敏的测量仪器,一些有才能的物理学家将会揭示出这些几乎感觉不到的差别的证据。在提出一种理论后,人们就会看到,这些温度差影响所有的物理现象。最后,一些哲学家的观点在他的大多数同代人看来似乎是冒险的和轻率的,他们宣称,宇宙的平均温度在过去可能已发生了变化,所有已知的规律也已随之变化。

我们不可能做某些类似的事情吗? 例如,力学的基本定律长期被认为是绝对的。今天,一些物理学家说,应该修正它们,或者确切地讲,应该使它们更为广泛一些;它们仅仅对于我们已经习惯了的速度来说是近似正确的;在速度与光速可以相比时,它们就不再正确了。这些物理学家把他们的观点建立在用镭所做的某些实验的基础上。旧的动力学定律在我们通常的物理环境下实际上仍然同样正确。但是,我们难道不能以某种类似的逻辑说,作为不断丧失能量的结果,物体的速度必然已趋向于减小,因为它们的主要的活力趋向于转化为热;通过把这个过程追溯到足够遥远的过去,我们可以发现与光速可以相比的速度并非是例外情况的那样一个时期,此时结果是,经典动力学定律已不再正确了吧?

另一方面,让我们假定,可观察的规律不过是取决于分子定律和分子排列的结果。当科学进步使我们通晓这种相依性时,我们无疑可以严格地凭借分子定律推知,分子排列必然曾经一度不同于今天的排列,从而可观察的规律并非总是相同的。因此,我们能够得出结论,规律是可变的,但是我们必须仔细地注意到,这是由于它们的不可变原理。我们可以断言,表观的规律变化了,但这只是因为我们以前看作是真实规律的分子定津被认为是不可改变的。

X

13   这样一来,不存在我们能够肯定地阐述的单个定律,它在过去像在今天一样,总是在同样的近似程度上是真的;事实上,我们甚至不能肯定地阐述,我们将永远也不能够证明它在过去是假的。然而,在这一点上没有什么东西妨碍科学家坚持他对不变性原理的信念,因为从来也没有一个定律降到昙花一现的地位,它只是被另一个更为普遍、更为全面综合的定律所取代;由于旧定律的废除归因于这种新定律的出现,以致将不会有空位期,[不变性]原理将依旧完整无损;由于变化是通过这些原理发生的,这些变化本身似乎正是明显地证实了它们。

不管我们通过经验还是归纳来观察变化,也不管我们在变化发生后企图用或多或少的人为综合适应每一事物来解释它们,这种情况甚至都不会发生。不,综合将首先到来,如果我们容许任何变化,目的将是防止扰乱它。

XI

谈到这一点,我们似乎并不担忧规律实际上是否变化,而只是担忧人们是否能够考虑它们是可变的。被认为是存在于创造或观察它们的精神之外的规律,其本身是不可改变的吗?这个问题不仅不可能有答案,而且是毫无意义的。在固有事物的世界中,规律是否能够随时间而变化,而在类似的世界中,"时间"这个词也许毫无意义,对这感到奇怪又有什么用处呢?我们既不能说,也不能猜测这个世界由什么构成;我们只能够猜测它像什么,或者想象它与我们的世界似乎没有太大的差别。

这样说来,该问题容许有一个答案。例如,如果我们想象两个类似于我们的智能人在两个相隔成百万年的时刻观察宇宙,他们中的每一个将构造出一种科学,这种科学是从观察到的事实推导出的规律的体系。很可能,这些科学将大相径庭,在那种意义上可以说,规律已经演变了。然而,不管差别可能多么大,总有可能想象一种理智,一种与我们的理智相同、但是却有更大视野或被赋予更长生命的理智,这种理智将能够完成综合,并用单一的或完全连贯的公式把两个零碎而相关的公式结合起来,后者是两个短命的研究者在由他们支配的短时间内得到的。在这种理智看来,规律将不变化,科学将是不可改变的;科学家将只能得到不完全的知识。

在与几何学比较时,让我们假定,我们能够用解析曲线描述世界的变化。我们每一个人只能够看到这条曲线的很小一段弧;如果我们对这段弧有精确的了解,我们就足以确定该曲线的方程,并且能够无限地延长它。但是,我们对这段弧仅有有限的知识,我们可能在这个方程上犯错误。如果我们试图延长该曲线,那么线条将偏离真实的曲线,其偏离程度与弧的长度和我们希望延长的曲线的长度成反比。另一个观察者仅仅认识另一段弧,而且也只是不完全地认识它。

　　如果这两个工作者永远相距遥远,他们所作的曲线的两个延长部分将不相遇;但是这没有证明,另一个观察者从较远的有利位置,能够在某种程度上直接观察到该曲线的较大长度,以便同时完成这两段弧,他就不能够写出与弧的发散公式一致的更严格的方程。同样,不管真实曲线可能多么不规则,但是总存在着一条解析曲线,当把它延长得像我们希望的那么远时,它偏离真实曲线的程度就像我们希望的那么微小。

　　毫无疑问,许多读者将沮丧地注意到,我似乎恒定地用简单符号的系统来代替世界。这不仅仅是一个数学家的职业习惯;我的课题的本性使这种研究方法成为绝对必要的。柏格森(Bergson)的世界没有规律;能够具有规律的只不过是科学家造成的、或多或少歪曲了的图像。当我们说自然受规律支配,这被理解为,这个图像依然是栩栩如生的。因此,我们必须按照这种描述并且仅仅按照这种描述来推论,否则我们就会冒失去作为我们研究对象的规律的观念本身的风险。因为这种画像能够被分开;我们能够把它分解为它的元素,区分出相互不同的时刻,并辨认出独立的部分。如果有时我过分地简化了,把这些元素减少到太小的数目,那这只不过是程度的问题;不管怎样,这并没有改变我的论证的本性和它们的含义;它仅仅使说明更为简洁而已。

第二章　空间和时间

引起我返回到一个我经常讨论的问题的理由之一是，最近在我们关于力学的观念中发生的革命。如同洛伦兹所构想出的，相对性原理会不会把全新的空间和时间概念强加于我们，从而迫使我们抛弃似乎已经建立起来的一些结论？我们不是曾经说过，几何学被心智设想为经验的结果，但是毫无疑问，经验并没有把它强加于我们，以至于一旦把它构造出来，它就免除了一切修正，超越于来自经验的新攻击所能到达的范围？而且，作为新力学建立的基础的实验看来不是已经震撼它了？为了看到我们针对它应该思考的东西，我必须简短地回忆几个基本的观念，在我以前的著作中，我已经力图使它们变得显而易见。

首先，我将排除所谓的空间感觉的观念，该观念把我们的感觉定域在一个预定的空间里，这种空间概念先于所有的经验而存在，先于所有经验的这种空间具有几何学家的空间的一切性质。事实上，什么是这种所谓的空间感觉呢？当我们希望了解动物是否具有空间感觉时，我们做了什么实验呢？我们把动物所需要的目标放在动物附近，我们观察动物是否知道不用试错法作出容许它接近目标的动作。我们是怎样觉察到别人被赋予这种宝贵的空间感觉呢？正因为他们为了接近目标也能够有目的地收缩他们的肌肉,而目标的存在在他们看来是被某些感觉揭示出来的。当我们观察我们自己意识中的空间感觉时,还有什么更多的东西呢? 在改变了的感觉的参与下,我们在这里又认识到,我们能够进行我们的动作,这些动作能够使我们接近被我们视为是这些感觉的原因的目标,从而能够使我们作用于这些感觉,使它们消失或使它们更强烈。唯一的差别在于,为了意识到这一点,我们不需要实际进行这些动作;我们在心中想到它们就足够了。这种理智不能传达的空间感觉只能是一些埋藏在无意识的最深处的某种力量,因此对我们来说,这种力量只能够通过它引起的行为来认识;这些行为恰恰就是我刚说过的动作。因此,空间感觉简化为某些感觉和某些动作之间的恒定的联系,或者简化为这些动作的表象。(为了避免经常重复出现的含糊其辞,不管我经常重复解释,是否有必要再次重申,我用这个词并不意味着在空间中表象这些动作,而是意味着表象伴随动作发生的感觉?)

那么,空间为什么是相对的? 它在多大程度上是相对的? 很清楚,如果我们周围的所有物体和我们身体本身以及我们的测量仪器在它们彼此之间的距离丝毫不变的情况下被转移到空间的另一个区域,那么我们便不会觉察到这一转移。这就是实际所发生的情况,因为我们被地球的运动携带着而不能觉察这一点。假使所有的物体也和我们的测量仪器以相同的比例伸长,我们也不会觉察到它。因此,我们不仅无法知道物体在空间中的绝对位置,甚至连"物体的绝对位置"这种说法也毫无意义,我们同意仅仅说它相对于另一个物体的位置;"物体的绝对大小"和"两点之间的绝对距离"的说法也无意义;我们必须说的只是两个大小的比例、两个距离的比例。但是,就此而言还有更多的东西:让我们设想,所有的物体都按照某一比原先的规律更复杂的规律形变,不管按照任何规律,我们的测量仪器也按同一规律形变。我们也将不能觉察出这一点;空间比我们通常认为的还要相对得多。我们只能觉察到跟同时发生的测量仪器的形变不相同的物体的形变。

我们的测量仪器是固体;要不然就是由相互可移动的固体制造,它们的相对位移通过这些物体上的标记、通过沿刻度尺移动的指针来指示;我们正是通过读这些刻度尺来使用我们的仪器的。因此,我们知道,我们的仪器或者以与不变的固体相同的方式改变位置,或者没有改变位置,由于在这种情况下,所说的指示没有改变。我们的仪器也包括望远镜,我们用它进行观测,以致可以说, 17 光线也是我们的仪器之一。

我们关于空间的直觉观念会告诉我们更多的东西吗?我们刚刚看到,它被简化为某些感觉和某些动作之间的恒定联系。这等于说,我们用来作这些动作的四肢也可以说起着所谓测量仪器的作用。这些仪器没有科学家的仪器精确,但对于日常生活来说已足够了,与原始人的智力相仿的儿童,用这些肢体来测量空间,或者更确切地讲,构造满足他日常生活需要的空间。我们的身体是我们的第一个测量仪器。像其他测量仪器一样,它也由许多可以彼此相对运动的固体部件构成,某些感觉向我们提供了这些部件相对位移的信息,正如在人造仪器中的情况一样,我们知道我们的身体作为一个不可变的固体是否改变了位置。总而言之,我们的仪器(儿童把它们归功于自然,科学家把它们归功于他的天才)以固体和光线作为它的基本要素。

在这些条件下,空间具有独立于用来测量它的仪器的几何学特性吗? 我们说过,如果我们的仪器经受了同样的形变,那么空间也能够在我们意识不到它的情况下经受无论什么样的形变。因此,空间实际上是无定形的、松弛的形式,没有刚性,它能适应于每一个事物;它没有它自己的特性。〔把空间〕几何化就是研究我们的仪器的性质,即研究固体的性质。

但是,由于我们的仪器是不完善的,每当仪器被改进时,几何学都必须修正。建筑师应当能在他们的说明中写上:"我提供了比我的竞争对手优越得多、单纯得多、方便得多、舒适得多的空间。"我们知道,这并非如此;我们会被诱导去说,如果仪器是理想的话,那么几何学就是研究仪器所具有的性质。但是,为了做到这一点,就必须知道,什么是理想的仪器(而我们并不知道,因为不存在理想的仪器),只有借助几何学,才能够确定理想的仪器;这是一种循环论证。于是,我们将说,几何学研究一组规律,这些规律与我们的仪器实际服从的规律几乎没有什么不同,只是更为简单而已,这些规律并没有有效地支配任何自然界的物体,但却能够用心智把它们构想出来。在这种意义上,几何学是一种约定,是一种在我们对于简单性的爱好和不要远离我们的仪器告诉我们的知识这种愿望之间的粗略折中方案。这种约定既定义了空间,也定义了理想仪器。

我们就空间所说过的话也适用于时间。在这里,我不希望像柏格森的信徒所设想的那样谈论时间、谈论绵延;绵延远非是没有一切质的纯量,可以说,它是质的本身,它的不同部分(它们在其他方面各部分相互渗透)在质上相互区分。这种绵延不会成为科学家的仪器;只有像柏格森所说的那样,通过经历深刻的变换,通过使它空间化,它才能够起这种作用。事实上,它必须变成可测量的东西;不能被测量的东西不能成为科学的对象。因此,能够被测量的时间本质上也是相对的。如果所有的现象都慢下来,我们的钟表也是如此,那么我们便不会意识到它;无论支配这种放慢的规律是什么,情况都是如此,只要它对于所有各种现象和所有钟表都相同。因此,时间的特性只不过是我们钟表的性质而已,正如空间的特性只不过是测量仪器的特性一样。

这还并非一切;心理的时间、柏格森的绵延适合于对发生在同一意识中的现象进行分类,科学家的时间就起源于它们。它不能对发生在两个不同意识背景中的两个心理现象进行分类,更不必说对两个物理现象进行分类了。一个事件发生在地球上,另一个事件发生在天狼星上;我们将怎样知道,第一个在前发生,或同时发生,或在第二个之后发生呢? 这只能是作为约定的结果。

但是,我们能够从一个全然不同的观点来考虑时间和空间的相对性。让我们考虑世界所服从的规律;这些规律能够用微分方程来表述。我们看到,如果直角坐标轴改变了,或者这些轴依然不动,这些方程未被证伪;如果我们改变时间原点,或者用运动的直角坐标轴代替固定的直角坐标轴,坐标轴的运动是匀速直线运动,这些方程也不被证伪。如果从第一种观点来考虑,请允许我把相对性称为心理的相对性;如果从第二种观点来考虑,请允许我把相对性称为物理的相对性。你立即会看到,物理的相对性比心理的相对性受到多得多的限制。例如,我们说,假如我们用同一常数乘以所有的长度,倘若乘法同时用于所有的物体和所有的仪器,那么

19 一切都不会有什么变化。但是,如果我们用同一常数乘所有的坐标,那么微分方程就有可能不成立。如果使该系统与运动的、旋转的坐标轴相关,它们也会不再成立,因为这时必然要引入通常的离心力和复合的离心力。由此,傅科(Foucault)实验证明了地球的旋转。也有一些事情动摇我们关于空间相对性的思想,动摇我们基于心理的相对性的思想,这种不一致似乎使许多哲学家进退维谷。

　　让我们来更加仔细地考察一下这个问题。世界的所有部分都是相互依赖的,天狼星无论多么遥远,毋庸置疑,它对发生在这个地球上的事件不可能绝对没有影响。因此,假使我们希望写出支配这个世界的微分方程,那么这些方程要么是不精确的,要么它们将依赖于整个世界的条件。不可能存在一个适合于地球的方程组、另一个适合于天狼星的方程组;必然只存在一个方程组,它将适用于整个宇宙。

　　于是,我们不直接注意微分方程;我们注意的是有限方程,这种方程是可观察现象的直接翻译,通过微分能够从它们导出微分方程。当坐标轴像我们描述过的那样进行变化时,微分方程不被证伪;但是,同样的情况对于有限方程并不为真。事实上,坐标轴的改变会迫使我们改变积分常数。结果,相对性原理不能用于直接观测到的有限方程,但可以用于微分方程。

　　这样一来,我们如何从有限方程——它们是微分方程的积分——得到微分方程呢?那就必须根据赋予积分常数的值了解几个彼此不同的特殊积分,然后用微分消除这些常数。尽管存在着无限多的可能解,但是这些解中只有一个在自然界是可以实现的。

为了建立微分方程,不仅必须知道可以实现的解,而且也必须知道所有可能的解。

于是,如果我们只有一个适合于整个宇宙的规律系统,那么观察将只给我们提供一个可以实现的解;因为永远只有一个宇宙摹本被复制出来;这就是最主要的困难。

此外,作为心理的空间相对性的结果,我们只能观察我们的仪器能够测量的东西;例如,它们将给予我们所需要考察的星球之间的距离,或各种物体之间的距离。它们将不会向我们提供它们相对于固定坐标系或运动坐标系的坐标,因为这些坐标系的存在纯粹是约定的。如果我们的方程包含这些坐标,那么它是通过一种虚构的,这种虚构可以是方便的,但不管怎样总是一种虚构。如果我们希望我们的方程直接表示我们观察到的东西,那么距离将必然在我们的独立变量中出现,于是其他变量将自行消失。此时,这就是我们的相对性原理,但它不再具有任何意义。它仅仅表示,我们在我们的方程中引入了无法把事物描述明确的辅助变量——寄生变量,而且有可能消去这些变量。

假如我们不坚持绝对的严格,那么这些困难将会消失。世界的各部分是相互依赖的,但是如果距离很远,那么引力就微弱得可以忽略;于是,我们的方程将分解为独立的方程组,一个只可适用于地上的世界,另一个适用于太阳,再一个适用于天狼星,或者甚至适用于更小的区域,像实验桌这样的区域。

这样一来,说只存在一个宇宙的摹本就不对了;在一个实验室可以有许多桌子。通过改变条件,重新开始实验将是可能的。我们仍然不知道唯一的解,唯一的一个实际实现的解,而知道大量的可能解,从有限的方程推进到微分方程,问题将变得容易些。

而且,我们将不仅知道一个这样的较小区域的各种物体的各自距离,而且也能知道它们距邻近小区域的物体的距离。我们可以这样来安排它,使得在第一种距离保持不变时,只有第二种距离发生变化。于是,这就好像我们改变了第一个小区域所参照的几个坐标轴一样。这些星球太遥远了,以至于对地上的世界没有可觉察的影响,但是我们看到了它们,多亏它们,我们才能够把地上的世界和与这些星球相联系的坐标轴关联起来。我们具有测量地上物体各自距离和这些物体相对于这个不同于地上世界的坐标系的各坐标的手段。因此,相对性原理才具有意义;它变得可以验证了。

不过,我们要注意到,我们只是通过忽略某些力得到了这些结果,我们还不认为我们的原理仅仅是近似的;我们赋予它以绝对的价值。实际上,看看我们的小区域相互之间无论相距多么远,相对性原理依然为真,我们便会异口同声他说,它对于宇宙的精确方程
21　而言也为真;这个约定将永远不会发现有错误,因为当把它应用于整个宇宙时,该原理是不可验证的。

让我们现在返回到稍前提到的情况。一个系统此刻与固定坐标轴有关,然后与旋转坐标轴有关。支配它的方程将发生变化吗?是的,按照通常的力学确是如此。这是严格的吗? 我们观察到的东西不是物体的坐标,而是它们的各自的距离。于是,通过消去只不过是寄生的、观察不可达到的变量的其他方程,我们就能够尝试建立这些距离所服从的方程。这种消元法总是可能的;唯一的事情是,如果我们保留坐标,我们便会得到二阶微分方程;相反地,在

消去了所有不可观察的变量后,我们推导出的方程将是三阶微分方程,这样它们将给出通向大量可能的方程的途径。根据这种推断,相对性原理在这种情况下还将适用。当我们从固定坐标轴进入到旋转坐标轴时,这些三阶方程将不变化。发生变化的将是确定了坐标的二阶方程;但是,可以说,二阶方程是三阶方程的积分,正如在微分方程的所有积分中一样,其中包含着积分常数;当我们从固定坐标轴进入到旋转坐标轴时,没有保持相同的正是这个常数。但是,由于我们假定,我们的系统在作为整个宇宙来考虑的空间中是完全孤立的系统,我们无法得知整个宇宙空间是否旋转。因此,描述我们观察到的东西的方程实际上是三阶方程。

我们不去考虑整个宇宙,让我们现在考虑我们的一些小的孤立区域,在这些区域中,没有机械力相互作用,但这些区域却是相互可见的。如果这些区域中的一个旋转着,那么我们将看到它旋转。我们将承认,我们必须赋予我们刚刚提到的常数的值取决于旋转速度,因而学力学的学生通常采用的约定将被认为是正确的。

因此,我们认清了物理相对性原理的意义;它不再是简单的约定。它是可以验证的,因此它可能不会被证实。它是实验的真理,而这种真理的意义是什么呢?从前面的考虑很容易推断它。它意味着,当两个物体之间的距离无限增加时,它们相互的引力趋于零。它意味着,两个遥远的世界的行为就像它们互不相关一样;我们能够更好地理解,物理的相对性原理为什么没有心理的相对性原理广泛。由于我们理智的真正本性,它不再是必然的;它是一个实验的真理,实验把限制强加给这个真理。

这个物理的相对性原理能够用来定义空间;可以说,它向我们提供了新的测量工具。让我自己弄清楚：固体怎么能够使我们测量空间，或确切地讲，怎么能使我们构造空间呢？通过把一个固体从一个位置移动到另一个位置，我们公认有可能在开始使它适合于一个图形，然后使它适合于另一个图形，我们一致同意，可以认为这样两个图形是相等的。由于这种约定，几何学产生了。于是，在不改变图形的形状和大小的情况下，空间本身的变换对应于固体的每一个可能的移动。几何学只不过是这些变换的相互关系的知识，或者是利用数学语言研究这些变换所形成的群的结构，即研究固体运动群的结构。

由此断定，存在着另一种变换群，即我们的微分方程不会被证明是错的那种变换群；这是定义两个图形相等的另一种方法。我们将不再说：当同一固体开始与一个图形重合，然后与另一个图形重合时，这两个图形则是相等的。我们将说：当同一个力学系统距邻近的力学系统足够远，以至于可以看成是孤立系统，开始以这样的方式放置，使系统的不同质点再现出第一个图形，再以这样的方式放置，使它们再现出第二个图形，如果这样的同一个力学系统以同一方式行动，那么这两个图形便相等。

这两种观念彼此之间有本质上的区别吗？不，固体在它的各个分子相互间的引力和斥力的影响下形成它的形状；力的这种系统必须处于平衡。当固体的位置变化时，它依然保持自己的形状，用这种方法定义空间即用下述方式定义空间：描述固体平衡的方程不会因坐标轴的变化而证明是错的；因为这些平衡方程只不过是普遍的动力学方程的特例，根据物理的相对性原理，它不会因坐标轴的这种变化而被修正。

固体是一个力学系统,正像任何其他力学系统一样;我们前面关于空间的定义与新定义之间唯一的差别就在于,新定义在它容许用任何其他力学系统代替固体的这个意义上其范围更为广泛一些。而且,新约定不仅定义了空间,而且也定义了时间。它告诉我们,什么是两个同时的瞬间,什么是相等的时间间隔,或者一个时间间隔是另一个间隔的两倍意味着什么。

一个结论性的评论:正如我们已经说过的,由于与天然固体的 23 特性相同的理由,物理的相对性原理是经验的事实;例如,它容易受到不断的修正;而几何学必须摆脱这种修正。正因为如此,它必须再次变成约定,相对性原理必须认为是一种约定。我们已经提到,它的实验意义是什么;它意味着:两个十分遥远的系统,当它们的距离无限增加时,它们之间的相互引力趋近于零。经验告诉我们,这近似地为真;经验不能够告诉我们,这完全为真,因为两个系统之间的距离总是有限的。但是,没有任何东西妨碍我们假定这完全为真;即使经验与该原理似乎不符,也没有任何东西妨碍我们。让我们设想,当距离增加而相互之间的引力减小,此后引力又开始增加的情况。没有任何东西妨碍我们承认,对更大的距离而言,引力在减小,并最终趋于零。只有把目前所考虑的原理本身作为约定,这才能使它免受经验的冲击。约定是经验向我们提示的,但我们却可以自由地采用它。

那么,近来因物理学的进步而引起的革命是什么呢? 相对性原理在它的前一个方面被抛弃了;它被洛伦兹(Lorentz)的相对性原理所代替。正是"洛伦兹群"的变换,未把动力学的微分方程证伪。如果我们设想,系统不再与固定坐标轴相联系,而是与用变化着的变换表示其特性的坐标轴相联系,那么我们就必须承认,所有的物体都发生了形变;例如,球变成椭球,椭球的短轴平行于轴的平移。时间本身也必须显著地加以修正。在这里有两个观察者,第一个与固定的坐标轴相联系,第二个与旋转坐标轴相联系,但是每一个观察者都认为另一个观察者处于静止。不仅对这样一个图形,第一个人认为是球,而在第二个人看来似乎是椭球;而且,对于两个事件,第一个人认为是同时的,对第二个人来说却并非如此。

每一个事件发生着,就像时间是空间的第四维一样,就像起源于通常的空间和时间的结合的四维空间不仅能够绕通常的空间轴以时间不改变的方式旋转,而且能够绕无论什么轴旋转。因为比较在数学上是精确的,所以有必要把纯粹虚值赋予空间的第四个坐标。在我们的新空间中,一个点的四个坐标不再是 x, y, z 和 t,而是 x, y, z 和 $t\sqrt{-1}$。但是,我没有坚持这种观点;主要的问题是要注意,在新概念中,空间和时间不再是两个决然不同的、能够被独立看待的实体,而是同一整体的两个部分,是两个如此紧密结合的部分,以至于不能轻易地把它们分开。

另一个评论:以前我试图定义发生在两个不同环境的两个事件的关系,我是这样说的,如果一个事件可以认为是另一个事件的原因,那么就可以认为它发生在另一个事件之先。这个定义变得不恰当了。在这种新力学里,没有瞬时传递的作用;最大的传输速度是光速。在这些条件下,能够发生下述情况:事件 A(作为仅仅考虑空间和时间的一个结果)既不会是事件 B 的结果,也不会是事件 B 的原因,如果它们发生的地点之间的距离如此之大,以至于光在足够长的时间内不能从 B 地传播到 A 地,或从 A 地传播

到 B 地的话。

鉴于这些新观念,我们的观点将是什么呢? 我们将不得不修正我们的结论吗? 当然不;我们已经采取了一种约定,因为它似乎是方便的,并且我们已经说过,没有任何理由能够强使我们放弃它。今天,一些物理学家想采取一种新的约定。并非他们被迫这样做;而是他们认为这种新约定更为方便;这就是一切。没有接受这种见解的人能够合理地保留他们的旧见解,以便不触动他们的旧习惯。我相信,这就是他们(就在我们中间),在未来的一个长时期内将要做的事情。

第三章 空间为什么有三维？

1."拓扑学"和连续统

几何学家通常在两类几何学之间作出区分,他们把第一类称为度量几何学,把第二类称为射影几何学。度量几何学以距离概念为基础;在度量几何学中,当两个图形"全等"(在数学家赋予这个词的意义上)时,则它们被认为是等价的。射影几何学以直线概念为基础。因为在射影几何学中,认为两个图形等价并不一定要它们相等,只要它们通过射影变换彼此对应(即一个是另一个的射影)就足够了。第二类几何学往往被称为定性几何学;若与第一类几何学相比较,它的确是这样。显然,在射影几何学中,度量和量并不起什么重要的作用。然而,也不完全如此。直线不是纯粹定性的;在没有作出某种度量或者在没有使所谓的直尺(一种度量工具)沿一条线移动的情况下,就不能断言这条线是直线。

但是,还有第三类几何学,在这类几何学中,量被完全排除了,它纯粹是定性的,这就是拓扑学。在这个学科中,可以通过连续变形使一个图形与另一个图形对应,从而两个图形在任何时候都是等价的,不管支配这种变形的规律是什么,只要保持连续性就行。

于是,圆等价于椭圆,甚至等价于任何类型的闭曲线,但它与线段不等价,因为线段不是闭合图形。球面等价于任何曲面,但是它不等价于圆环面,因为在圆环面上有一个洞,而球面上却没有。让我们设想任何一类图样,一个笨拙的制图员描画这个图样的复制品。比例被歪曲了,用颤抖的手画出的直线歪歪扭扭,结果成了不成比例的曲线。从度量几何学的观点来看,甚至从射影几何学的观点来看,这两个图形都不是等价的;但是,与之相反,从拓扑学的观点来看,它们是等价的。

对于几何学家来说,拓扑学是很重要的科学。拓扑学导致了一系列定理,这些定理像欧几里得的定理一样密切相关;正是从这组命题出发,黎曼(Riemann)构造了一种最著名的、最抽象的纯粹分析理论。为了说明它们的本性,我将引用其中的两个定理:(1)平面上的两个闭曲线相交于偶数个点;(2)如果一个多面体是凸多面体(这就是说,如果不把它一切为二就不可能在它表面上描绘一个闭合线),那么它的棱数等于顶点数加面数减去二;当多面体的面和棱是曲面和曲线时,这依然是正确的。

这就是拓扑学使我们如此由感兴趣的东西,正是在这门学科中,几何学直觉确实起着作用。在度量几何学的定理中,当运用能力是由这种直觉组成时,那正是因为在无视一个图形的定性性质时,也就是说,在忽视研究那些严格地属于拓扑学的性质时,便不可能研究它的度量性质。人们常说,几何学是一门关于粗制滥造的图形的正确推理的艺术。这不是冷嘲热讽,而是值得思考的真理。但是,什么是粗制滥造的图形呢?刚才提到的那位笨拙的制图员所能画出的图形就是这类图形。他或多或少公然地歪曲了比例;他把直线乱画为锯齿形;他的圆好像土堆一样难看。但是,所有这一切无关紧要;它无论如何不会使几何学家烦恼;这并不妨碍他正确地推理。

但是,缺乏经验的画图者必然不用开曲线描绘闭曲线,或者不用没有公共点的三条直线描绘相交于一点的三条直线,或者不用完整的曲面描绘有洞的曲面。在那种情况下,这位画图者的图画毫无用处,推理也变得不可能了。直觉不会受到图画中仅对度量几何学和射影几何学有意义的缺陷的妨碍。然而,只要这些缺陷涉及到拓扑学,直觉将变得不可能。

这种十分简单的观察指出几何学直觉的真实作用;几何学家需要画图形,至少需要形成它们的思想图像,从而便利了这种直觉。现在,如果他尽量减小这些图形的度量性质和射影性质的重要性,如果他仅仅专注于它们的纯粹定性的性质,那么唯有几何学直觉在这里真正起作用。我并不是说度量几何学是建立在纯粹逻辑的基础上,或者其中没有直觉真理的地位。但是,它们是另一类直觉观念,类似于在算术和代数中起主要作用的直觉观念。

拓扑学的基本命题是:空间是三维连续统。我已经在其他著作中讨论了这个命题的起源,但却是以极为简略的方式讨论的,为了阐明某些观点:再次更详细地考察一下它,在我看来并非是毫无意义的。

空间是相对的;所谓相对空间,我不仅意指在我们没有注意到的情况下,我们可以转移到空间的另一个区域(这是我们真正遇到的事情,因为我们并不觉察到地球的平动);我不仅意指,一切物体的所有维数在我们不能知道其变化的情况下能够成比例地增加,倘若我们的测量仪器经受到同样的变化的话；而且我也意指，空间能够按照某个任意的规律变形，假使我们的测量仪器也按照这个同样的规律变形的话。

这可以是任何变形，但变形必须是连续的；也就是说，它必须是使一个图形变换为从拓扑学观点来看是等价的另一个图形的那些变形之一。当空间被认为是独立于我们的测量仪器时，空间从而既不具有度量的性质，也不具有射影的性质；它只有拓扑的性质（也就是说，仅具有在拓扑学中所研究的性质）。它是无定形的，也就是说，它并非不同于人们通过无论什么连续性的形变能够从它得出的任何空间。我将用数学语言加以解释。在这里有两个空间 E 和 E'；E 中的点 M 对应于 E' 中的 M'；点 M 有直角坐标 x, y, z；点 M' 具有 x, y, z 的三个任何连续函数作为直角坐标。从我们所谈到的观点看来，这两个空间并没有什么不同。

我们测量仪器的功能，尤其是固体的作用如何给人的智力提供更完满地决定和组织这种无定形空间的机会，它怎样容许射影几何学画直线网络，怎样容许度量几何学测量这些点之间的距离群的基本概念在这个过程中起什么根本性的作用，我在其他著作已经对此作了详细的解释。我认为所有这些论点都已得到确认，我不需要再重复这些了。

在这里，我们只关心在拓扑学中所考虑的无定形的空间，即独立于我们测量仪器的唯一的空间；它的基本性质——我是要说它的唯一的性质——是三维连续统的性质。

2. 连续统和截量

可是,什么是 n 维连续统呢,它与维数较大或较小的连续统怎样区别呢? 让我们首先回顾一下康托尔(Cantor)的学生最近得到的一些结果吧。在直线上的点和平面上的点之间,或者更一般地说,在 n 维连续统上的点和 p 维连续统上的点之间有可能建立一一对应关系。倘若我们不受平面上两个无限邻近的点对应于直线上两个无限邻近的点这个条件(即连续性条件)的约束,那么这就是可能的。

因此,有可能用这样的方式使平面发生变形而得到直线,只要这种变形不是连续的。另一方面,用连续的变形则不可能这样。于是,维数的问题与连续性概念密切相关,而对于任何想要排除这一概念的人来说,那是没有什么意义的。

为了定义 n 维连续统,我们首先有解析定义: n 维连续统是 n 个坐标的集合,也就是说,是能够各自独立变化的、而且假定所有的实值满足某些不等式的 n 个量的一个集合。这个定义从数学的观点来看尽管没有缺点,但是无论如何不能使我们完全满意。在连续统中,各种坐标可以说并非相互毗连;它们在它们自身之中联系起来,以致形成一个整体的各个方面。在空间研究的每时每刻,我们实现的就是所谓的坐标变换。例如,我们实现直角坐标系变换,要不然我们变换到曲线坐标。在研究另一个连续统时,我们也实现坐标变换;也就是说,我们用 n 个坐标的无论什么样的 n 个连续函数代替 n 个坐标。对于我们之中不是从刚才提到的解析定义出发，而是从某个更深奥的来源出发而导出 n 维连续统概念的人来说，这一操作是很自然的；我们感到，那些在连续统中是本质的东西并没有变化。另一方面，对于那些仅仅从解析定义了解连续统的人来说，这一操作无疑是合理的，但却是奇异的，未经证明的。

最后，这个定义尽量减小了连续统概念的直觉起源和这一概念所包含的一切丰富思想的重要性。它像那些从数学"算术化"以来在这门科学中变得如此频繁的定义那样反复出现。从数学的观点来看，我们所说的这些定义是没有缺点的，但是它们却不能使哲学家满意。它们用由比较简单的材料组成的结构代替被定义的对象和这个对象的直觉概念。因此，很容易看到，用这些材料可以有效地形成这个结构，但我们同时看到，要作出更多的东西同样是可能的。未被揭示出来的是：为什么用这种方式而不用另外的方式来组合这些材料，其中有什么深刻的原因？我的意思并不是说，数学的这种"算术化"是不受欢迎的；我说它并非包罗万象。

我将把维数的确定建立在截量概念的基础上。首先，让我们考虑一条闭曲线，即一维连续统。如果我们在这条曲线上取任意两个我们将不容许我们自己通过的点，那么该曲线将被截为两部分，不可能从一部分到另一部分，因为我们虽然还在这条曲线上，但是却不能通过被排除的点。另一方面，让我们考虑一个闭曲面，它形成一个两维连续统。在这个曲面上，可以取一两个或任意数目的被排除的点。该曲面并不因为这样就被分为两部分；在这个曲面上，可以从一点到另一点，而不会遇见任何障碍，因为总可以绕过被排除的点。

可是，如果我们在曲面上画出一条或多条闭曲线，如果我们把它们看作是不可逾越的截量,那么该曲面就能够被分为几个部分。

　　现在,让我们考虑空间的情形。我们既不能禁止通过某些点,也不能禁止越过某些线来把空间分为几个部分,这些障碍总可以绕过去。必须禁止越过某些面,即某些两维截量。这就是我们说空间具有三维的原因。

　　我们现在知道,n 维连续统是什么。当一个连续统能够借助于一个或多个本身是 $n-1$ 维的截量被分为许多区域,则该连续统具有 n 维。这样,n 维连续统用 $n-1$ 维连续统来定义。这就是递归定义。

　　在这个定义中,什么东西给我以信心呢? 什么东西向我表明观念实际上如何自然而然地在人们的头脑中产生呢? 它首先就是,许多基本读物的作者并无意于恶作剧,但在他们著作的开头部分却作出了类似的事情。他们把体积定义为空间的部分,把面定义为体积的边界,把线定义为面的边界,把点定义为线的边界;此后他们停顿下来,其类似性是明显的。遵循这种定义,我们在拓扑学的其他部分重新发现截量的重要作用。例如,根据黎曼的观点。是什么东西把圆环面与球面区别开来呢? 正是这样的事实:我们不能在球面上画一条闭曲线而又不把球面分为两部分,可是却存在着不把圆环面分为两部分的闭曲线,为了保证人们分开圆环面,必须作出没有公共点的两个闭截量(闭曲线)。

　　还留下另一个值得考察之点。我们刚才考察的连续统是数学连续统;它们的每一个点都是独特的东西,绝对不同于其他点,而且绝对不可分。由我们的感觉所直接揭示的连续统,我称之为物理连续统,它们都是有差别的。支配这些连续统的规律是费希纳

(Fechner)定律，我将剥去通常套在它身上的华丽的数学外衣，以便把它还原到作为它的基础的实验数据的简单项。根据估计，有可能分辨出一个 10 克重的砝码和一个 12 克重的砝码的差别，但恐怕不可能分辨出一个 11 克重的砝码和一个 10 克重的砝码或 12 克重的砝码的差别。更一般地，可以有这样两个感觉集合：我们在没有分辨出一个集合或另一个集合与第三个集合的差别的情况下就可以分辨出它们二者的差别。根据这一假定，我们能够设想这样一个感觉集合的连续链，它们中的每一个都无法与相接的一个区别开来，尽管链的两端却能够很容易地加以分辨。这将是一维的物理连续统。我们也可以设想较复杂的物理连续统。这些物理连续统的元素将又是感觉的集合（但是我更喜欢用比较简单的词——元素）。另外，什么时候我才能说，相似元素的系统 S 是物理连续统呢？无论任何时候，我都能够把它的任意两个元素看作是一个连续链的两个末端，该链类似于我刚刚叙述过的链，它的所有元素都属于 S。因此，如果可以用不离开曲面的一条连续的线联结该曲面的任何两个点，那么该曲面就是连续的。

我们能够把截量的概念推广到物理连续统，从而决定它们的维数吗？我们显然能够这样做。让我们排除 S 中的某些元素以及所有不能与它们区分的元素。这些受到限制的元素完全可以是 31 有限的数目，要不然就能够通过它们的结合形成一个或多个连续统。这些有限的元素的集合将组成一个截量；在形成这一截量后，所发生的情况是，我们可以把连续统 S 分为几个别的连续统，这时再也不能通过连续链从 S 中的任何元素到任何其他元素中去，这个链的元素无法与该截量的任何其他元素相区别。

因此,通过把我们自己限制到有限数目的元素之内,从而能够被截的物理连续统将具有一维;如果一个物理连续统能够借助于本身是 $n-1$ 维的物理连续统的截量来分割,那么它将具有 n 维。

3. 空间和感觉

问题似乎被解决了;我们也许只需要把这个法则应用于作为空间的粗糙图像的物理连续统,或者应用于对应的数学连续统——它是物理连续统的精制的图像,是几何学家的空间。但是,那是一种假象;如果我们由以推知空间的物理连续统是直接通过感觉揭示给我们的,那么一切也许是幸运的;然而,事实却远非如此。

让我们看看,从我们的大量感觉中实际上是怎么有可能推导出物理连续统的呢。物理连续统的每一个元素都是感觉集合;首先考虑一下同时的感觉的集合,即意识的状态,这是最简单的集合。然而,我们的每一个意识状态是一种极其复杂的东西,以至于我们从来也不能指望看到两个意识状态变得不可区分。可是,为了构造物理连续统,从以前已说过的情况来看,基本的问题是,它们的两个元素在某些情况下能够被看作是不可区分的。可是,我们永远也不能说:我不能把我目前的思想状态与我前天同一时刻的思想状态区分开来。

因此,我们有必要通过积极的思想操作,通过忽略两个意识状态的差别,从而一致认为二者是等价的。例如,我们可以忽略某些感官的感觉,这将是最为简单的。我已经说过,我无法分辨一个

10 克重的砝码和一个 11 克重的砝码的差别。可是,情况也许是,如果我不断地实验,那么一个 10 克重的砝码所引起的压力感觉被各种不同的嗅觉和听觉伴随着,当用一个 11 克重的砝码代替一个 10 克重的砝码时,这些各种各样不同的感觉变化了。正因为我忽略了这些特异的感觉,我才能够说,两个意识状态是不可区分的。 32

有可能规定更复杂的条件;也有可能以不仅把同时的感觉的集合,而且把相继的感觉的集合即感觉系列看作是我们的连续统的元素。接着,有必要规定基本的条件,而且为了认为连续统两个元素是等价的,有必要指明二者必须具有的共同特性(不管它们是同时的感觉的集合还是相继的感觉的集合)。

于是,在定义物理连续统的场合,有必要作出双重选择:第一,选择作为这个连续统的元素的同时的或相继的感觉集合;第二,选择定义两个元素必须被认为是等同的情况的基本条件。

为了得到空间,必须怎样进行这种双重选择呢? 我们能够满足于考虑同时的感觉的集合或者有必要考虑感觉系列吗? 特别是,我们能够以由于忽略某些感官的知觉而形成的最简单的和最自然的基本条件为满足吗? 否!

这样的否定是不可能的;我们不能从我们的感觉中选择出那些将向我们传达空间概念并且只传达空间概念的感觉。没有一种感觉不借助于其他感觉就能够向我们传达空间概念;也没有一种感觉不传达大量与空间毫无关系的东西。

例如,我们分析一下所谓接触的知觉,这是我们觉察到的知觉。经验告诉我们,如果我们用两个大头针接触我们的皮肤,倘使它们相距足够远,那么我们的意识就能够分辨出这两个大头针,如果使它们相互靠得很近,我们就无法在二者之间作出区分了。而且,区分它们的最小距离依据身体部位而变化。我们通常说,皮肤被分为各个部位,每一个部位都是同一感觉神经的管辖范围;如果两个大头针扎入同一部位,那么只有单根神经受到刺激,我们只意识到一个大头针;但是,换一种情况,如果它们扎入两个部位,结果影响到两根神经,我们便觉察到两个大头针。这并不完全令人满意;我们无法用这种方式发现物理连续统的特性。让我们设想一下,我们改变两个大头针的位置,而使它们已经很小的距离保持恒定。由于这个距离很小,可以发生下述情况:两个大头针将扎入同一部位,结果只产生一个知觉。但是,如果我们一点一点地改变它们的位置,而不改变它们的距离,在某一瞬间,将出现这样的情况:它们中的一个将扎入该部位之外,而另一个还处于该部位之内。在此瞬间,我们应当感觉到两个大头针,但我们所观察到的情况并非如此。我们不可能用这种方式推断出物理连续统的概念,但是却可以推断出由像有那么多部位那么多的独特情况所形成的离散集的概念。最好是姑且承认,大头针的接触不仅影响最近的神经,而且也影响相邻的神经,而当距离增大时,其强度亦随之减小。因此,让我们设想,我们正在把两个大头针接触的作用进行比较。如果两个大头针的距离很小,那么同一神经受到作用;某一个大头针对于同一神经的刺激强度将无疑是不同的,但是这种差别太小了,以至于按照费希纳的一般法则也难以分辨出来。如果一根神经受到大头针 A 的刺激而没有受到 B 的刺激,那么它仅仅是受到大头针 A 的轻微刺激,这个刺激将低于"意识阈限"。因此,两个大头针的影响将是不可区分的。

这样,我们有了我们为构造物理连续统所需要的一切;我们只要使两个大头针沿着我们皮肤的表面移动,我们只要注意在哪一种情况下我们的意识能分清它们。我们已略去了(那是我上面所提到的作为我们基本的条件的东西)大量的事实:每一个感觉网络的刺激强度、大头针在皮肤上所施加的或大或小的压力、接触的性质。触觉揭示出了所有这些事实,但是我们排除了它们,以便只保持其特性是几何学的那些事实。这样一来,我们推断出空间概念了吗? 没有;首先,这样构造出的连续统像皮肤本身的表面一样只有两维。其次,我们十分清楚地知道,我们的皮肤是可动的,皮肤上的特定点并不总是对应于空间的特定点;当我们的身体变形时,皮肤上两点之间的距离就要发生变化。毫无疑问,软体动物正是用这种方式想象空间的,但是这与我们的空间概念无关。

同样的情形对视觉也是真的;照射到视网膜两点上的两束光,根据这两点的距离是大还是小,要么给我们以两个光斑的印象,要么只给我们一个光斑的印象。这相当于上述的两个大头针;我们能够忽略光的颜色和强度,利用它们构造物理连续统;这个物理连续统正像视网膜的表面一样,将具有两维。第三维是通过眼睛的双目视觉的会聚作用引入的,这就是所谓的视觉空间(visual space)。它高于触觉空间(tactile space),首先是因为我们怀着一点善意给它以三维,其次是因为视网膜无疑是可动的,而从固体的意义上讲,皮肤却在所有方向上都是柔韧的。于是,我们被诱使说,真实的空间存在于我们企图确定我们所有的感觉起源的地方。这还不能使人满意。不仅眼睛是可动的,以至于空间的特定点并不总是对应于视网膜的特定点和眼睛的特定会聚度;而且这也无法解释，为什么第三维如此明显地与已经引入的其他两维不一致，也无法解释为什么盲人的几何学和我们的相同。

如果我们希望把视觉空间和触觉空间结合起来，那么将有五维而不是三维或两维；将依然存在着用什么过程解释五维能够简化为三维的任务；如果我们希望把其他感觉引入这种结合之中，那么维数将进一步增加。

还要用几句话来解释，为什么触觉空间和视觉空间是同一个空间。

4. 空间和运动

因此，情况似乎是，我们不能通过考察同时的感觉的集合来构造空间，我们必须考虑感觉系列。总是有必要再次提到我前面已经说过的东西。某些变化表现为位置的变化，另一些变化表现为没有几何学性质的状态的变化，这究竟是为什么？为此，我们必须首先区分外部变化和内部变化；外部变化是非随意的，它们并不被肌肉感觉所伴随；内部变化是我们身体的运动，我们可以把它们与其他变化区别开来，因为它们是随意的，并被肌肉的感觉所伴随。内部变化能够矫正外部变化，例如我们以这样的方式用我们的眼睛跟踪运动着的物体，使它的映像总是返回到视网膜的同一点上。可以被这种矫正感受的外部变化是位置变化；如果它不能被这种矫正感受，它就是状态变化。

从定性的观点来看是完全不同的两种外部变化，如果能够用相同的内部变化来矫正它们，那么它们就被认为是对应于同一位置变化。也可以这样说，如果两个内部变化能够矫正相同的外部变化，那么它们就能由毫无共同之处、但是却对应于同一位置变化的肌肉感觉系列组成。这就是当我们说，有许多路线能够从一点引到另一点时，我们用通常的用语所表达的意思。

因此，重要的是，为了到达特定的物体，必须做的就是动作。对于我们来说，这些动作的意识无非是伴随它们的肌肉的感觉集合。

由此推断，某一物体与我的一个手指接触；比方说，与我右手的食指接触。从这一事实我经验到触觉 T；同时，我从这个物体经验到视觉 V。当把该物体移开时，感觉 T 逐渐消失，视觉 V 被新的视觉 V' 代替；这是一种外部变化。假定我希望通过复原感觉 T，即使我的食指再次接触该物体，来部分地矫正这一外部变化。为了做到这一点，我必须完成某些动作，对我来说，这些动作通过肌肉感觉系列 S 表示出来。我知道，这是因为我或我的祖先的大量经验告诉我，当感觉 T 消失而视觉从 V 变到 V' 时，可以通过对应于该系列 S 的运动来复原感觉 T。我同样清楚地知道，对我来说，我通过不用系列 S，而用另外的系列 S' 或 S'' 描述它们自身的其他动作而能够得到相同的结果。

所有这些肌肉感觉系列 S, S', S''…… 或许没有共同的元素；我之所以比较它们，是因为我知道，它们中的任何一个在视觉 V 变为 V' 的每一时刻都能够复原感觉 T。用我们通常的语言，已经通晓几何学的我们将说，对应于肌肉感觉系列 S, S', S'' 的各种动作系列有这样的共同之处：在它们任何一个中，我们食指的初始位置和最终位置依然相同。其他每一情况可能不同。

　　这样,我未被引导去区分这些不同的系列 S, S', S''……,也没有把它们视为单一的感觉。我不想去区分与这些系列差别过小的肌肉感觉系列。届时,我将有构造物理连续统的方法。事实上,我已选出这个连续统的元素,它们是肌肉感觉系列,而且我有了"基本的条件",这些条件告诉我,在哪一种情况下,这些元素中的两个必须被视为是等同的,正是这种连续统有三维。

　　可是,这并非一切。我们刚刚定义了一个是真实空间的连续统;正是这个空间,被看作是用我的一个手指描述的。但是,我有几个手指(而且从与我有关的观点来看,所有我的皮肤上的点都可以视为手指)。我的不同的手指将描述相同的空间吗? 是的,毫无疑问,可是这意味着什么呢? 这意指的是性质的集合,用通常语言不容易描述它,如果容许我用某些符号,我可以尝试解释它。我将考虑两个手指,并称之为 α 和 β;手指 α 比如说是右手的食指,我们为定义系列 S, S', S''……曾使用过它。然后我将写出

$$S \equiv S' (\mathrm{mod}\, \alpha)$$

这意味着,如果对应于 S 的动作恢复用手指 α 所经验到的触觉,那么同样的情况对于对应于 S' 的动作也是真的,反之亦然。类似地,我将写出

$$S_1 \equiv S_1{}' (\mathrm{mod}\, \beta)$$

来描述下述事实:如果对应于 S_1 的动作恢复用手指 β 所经验到的触觉,那么同样的情况对于对应于 S_1' 的动作也是真的。

　　在作这种推断之后,我将假定存在着两个特定的肌肉感觉系列 s 和 s_1,它们是以下述方式被定义的,我将设想,手指 β 由于与一个物体接触而经验到触觉。通过完成对应于 s 的动作,这一感

觉将消失。可是,最终将是手指 α 经验到触觉。我通过经验知道,在这些动作之前,在手指 β 感觉到接触的每一时刻(或者,至少几乎在每一时刻),都会发生这种情况。(我之所以说几乎,是因为要相继发生,便要求该物体在这一时间间隔内不运动。)用我们通常的语言(这种语言对我们来说比较清楚,但是我不敢使用它,因为我讲的是还不具有任何几何学知识的人),我可以说,对应于 s 的动作把手指 α 引到手指 β 原先占据的位置。对于 s_1 来说,相反的情形将是真的;对应的动作将把手指 β 引向手指 α 原先占据的位置。

如果这两个系列 s 和 s_1 存在关系

$$S \equiv S'(\mathrm{mod}\alpha)$$

将导致作为结果的下述关系:

$$s + S + s_1 \equiv s + S' + s_1 (\mathrm{mod}\beta)$$

如果我们回想一下符号的意义,我们便会立即相信上述关系,我们还可以从它毫无困难地推出,由 α 和 β 产生的两个空间是同构的,特别是,它们有相同的维数。

如果系列 s 和 s_1 不存在,那么同样的情况便不可能为真。事实上,让我们设想,不可能找到一个动作系列,这个系列将在手指 β 与物体接触的感觉上引起手指 α 与同一物体接触的感觉——肯定地或者至少是几乎肯定地——这时我们应当如何推理呢?我们可以说,手指 β 感觉到物体没有位于空间同一点,它感觉到物体隔着一段距离;另一方面,每次手指 β 之所以感觉到该物体,那可能是因为物体处于空间中的同一点 A。因而必须存在着把手指 α 引向 A 点的动作系列。由于物体处于 A 点,手指 α 应该能够感觉到物体,这件事总是应该发生。因此,如果我们假定不存在具有这一性质的动作系列,那么我们就必须承认,手指 β 感觉到在一段距离之外的接触;换句话说,为了确定物体在空间的位置,对于该物体来说,被手指感觉到并不充分;最后,这也就是说,空间必定比用手指按照我们描述过的方式产生的物理连续统有更多的维数。

　　例如,我将假定,空间具有四维,我将用 x,y,z,t 来表示四个坐标。我将假定,手指 β 每时都感觉到与物体接触,此时三个坐标 x,y,z 对于手指和物体都是相同的,而不管第四个坐标可能是什么;而且,手指 α 每时都感到与物体接触,此时三个坐标 x,y,t 对于物体和这个手指都是相同的,而不管坐标 z 可能是什么。在这些条件下,让我们把我们的法则用来构造由 β 产生的物理连续统;我们将发现,它只有三维,这三维对应于三个坐标 x,y,z ,坐标 t 不起任何作用。按同样的方法,由 α 产生的物理连续统有三维,它们对应于 x,y,t 。但是,我们不能够找到对应于这样的肌肉感觉系列 s 的动作系列,以至于对 α 的接触感觉肯定地随着对 β 的接触感觉。

　　事实上,设 x_1,y_1,z_1,t_1 是物体的坐标;手指 β 在动作之前的坐标是 x_0,y_0,z_0,t_0 ;手指 α 在动作之后的坐标是 x_0',y_0',z_0',t_0' 。我们将用下述写法表示手指 β 在动作之前感觉到接触这一事实:

$$x_0=x_1,y_0=y_1,z_0=z_1 \tag{1}$$

我们将用写法

$$x_0'=x_1,y_0'=y_1,z_0'=z_1 \tag{2}$$

表示 α 在动作之后感觉到接触的事实。

　　因为 s 存在,我们必然能够以这样的方法来选择 x_0,y_0,z_0,t_0

和 $x_0{}',y_0{}',z_0{}',t_0{}'$ 使得关系式(1)能够导致关系式(2)，而不管 x_1，y_1,z_1,t_1 可能是什么。很清楚，这是不可能的。恰恰是不可能形成 s 的这一点在这种情况下向我们揭示出，空间应当有四维，而不像 β 产生的物理连续统那样只有三维。

再者，如果我们引入视觉，那么我们实际上会观察到某种类似的事情。让我们考虑视网膜上的一点；我们能够赋予它像我们的手指 α 和 β 一样的作用。我们能够设想必然使物体的映像反映到视网膜的点 γ 上的动作系列或肌肉感觉 S 的对应系列。我们能够利用这个系列，以便定义类似于由 α 或 β 所产生的物理连续统。这个连续统将只有两维。但是，我们不能构造类似于 s 的系列，也就是说，不能构造这样一个动作系列：作为在点 γ 感觉到的视觉结果，该动作系列肯定引起手指 α 感觉到的触觉。换句话说，因为我们观察到物体的映像在 γ 发生，就是说我们能够确定该动作必然引导我们的手指与这个物体相接触，这没有充足的理由。我们缺乏一项关于物体的距离的资料。这就是为什么我们说，视力在一段距离之外起作用，空间有三维——比 γ 产生的连续统多一维。

从这个简短的叙述中，我们看到，导致我们把三维赋予空间的实验事实是什么。考虑到这些事实，在我们看来，赋予空间以三维，而不是四维或两维，更为方便一些。但是，"方便"这个词不可能有足够强的说服力。把两维或四维赋予空间的人会发现他自己在像我们这样一个世界的生活斗争中是很不利的。这实际意味着什么呢？让我再次提到我的符号，例如全等

$$S\equiv S'(\mathrm{mod}\alpha),$$

它的意义我在上面已经解释过了。把两维赋予空间就得要承认我

们自己并不承认的类似的全等。这时,我们便被导致用做不到的动作 S' 来代替能顺利进行的动作。相反地,把四维赋予空间,就会排斥我们自己承认的全等。因此,我们就会剥夺我们自己用其他动作 S' 代替动作 S 的可能性,尽管 S' 这些动作同样有效,并且在某些情况下,它也许还会带来特殊的好处。

5. 空间和自然界

可是,问题能够从完全不同的观点提出来。直到现在,我们采取的观点纯粹是主观的,纯粹是心理学的,或者如果我们希望的话,也可以说是生理学的。我们只考虑了空间与我们的感觉的关系。另一方面,我们能够采取物理学的观点,我们可以问我们自己,是否能把自然现象定域在其他空间内,而不是定域在我们自己的空间内,例如定域在两维或四维空间内。物理学向我们揭示的规律是用微分方程描述的,在这些方程中包含着某些质点的三个坐标。用其他方程,例如包含具有四个坐标的一些质点的方程,描述同一规律是不可能的吗? 或者,这也许是可能的,但是由此得到的方程却较不简单? 最后,或者它们却是如此简单,而我们却要完全抛弃它们,只是因为它们扰乱了我们的思想习惯?

当我们说用其他方程描述同一规律时,我们意味着什么呢? 让我们考虑两个世界 M 和 M'。我们能够在这两个世界中发生的或可能发生的现象之间建立这样一种对应关系,使得对于第一个世界的每一个现象 φ 对应于另一个世界完全确定的现象 φ' 也可以说是 φ 的映像。从而,如果我假定,在遵循支配世界 M 的规律的情况下，现象 φ 的必然结果是某个现象 $\varphi_1{}'$，作为 φ 的映像的现象 φ' 的必然结果，在遵循支配世界 M' 的规律的情况下恰恰是现象 φ_1 的映像中 $\varphi_1{}'$，那么我们就能够说，这两个世界服从同一规律。40 现象 φ 和 φ' 的质的本性对我们来说并不怎么重要；"平行关系"是可能的这一点就有充分的理由了。

而且，事实上，现象的质的本性只是我们的感官关心的东西，我们已经同意采取超心理学的观点，因此可以忽略我们感官的感觉，而只把注意力放在现象的相互关系上。事实上，例如当物理学家用仅看到运动质点的分子运动论的气体来代替我们通过经验所熟知的产生压力和热感觉的气体时，或者用以太振动来代替我们经验到的光和光产生的色感时，他就是这样做的。

只要考虑一个简单的例子，即天文学现象和牛顿定律的例子就足够了。我们观察到的东西不是天体的坐标，而仅仅是它们的距离。因此它们的运动规律的通常表达式是这些距离和时间的微分方程。现在，空间两点之间的距离是一个已知的这两点的坐标的单叶函数。让我们通过在微分方程中用这种函数代替每个距离，来变换我们的微分方程。这时我们便有它们的通常形式的方程，天体的坐标本身包含在这种形式中。

但是，我们可以用其他函数来代替这些距离，从而能够得到这些方程的其他形式。从与我们有关的观点来看，所有这些形式是同等合理的，因为它们服从现象中的"平行关系"。让我们设想天体以这样的方式处于四维空间中，它们每一个的位置不再由三个坐标、而是由四个坐标来确定。接着，让我们在方程中用两个天体的八个坐标的无论什么函数来代替迄今我们视为描述这两个天体之间距离的量。在通常的四维空间中,根本没有必要使这个函数是描述两点之间的距离的函数;它可以是无论什么函数,因为这不会违反"平行关系"。

从而,我们将得到我们方程的一种形式,在这种形式中,涉及天体在四维空间的坐标。这将是以四维空间假说为基础的天文学定律的新表述,这一表述不会与该定律背道而驰,因为它服从"平行关系"条件。不管怎样,这样得到的方程不用说远没有我们通常的方程简单,这一点是很清楚的。

毋庸置疑,同样的情况对于物理学规律来说也是真的。存在着一般的理由,使得它应当如此吗? 即在所有的物理学分支中,是有关三维性的假说给这些方程以其最简单的形式吗? 这个理由与我在这篇文章的第一部分所提到的东西,与绝对地迫使一切人相信三维性的东西,或者在人们处于生活斗争不利地位的困境下迫使人们好像相信三维性似的那样行动的东西有任何关系吗?

在这里,有必要简短地说一点题外话。例如,让我们再次把我们通常的空间归于我们的创造者。我们说空间是相对的,这意味着物理学定律在这个空间的所有部分是相同的;或者,用数学语言来说,就是描述这些规律的微分方程不依赖于坐标轴的选择。

如果我们考虑一个完全孤立的系统,那么这没有什么意义;不可能观察这个系统的点的坐标,而只能观察它们的各自距离。观察将不会告诉我们,这个系统的性质是否取决于该系统在空间的绝对位置,因为这个位置是不可观察的。

如果系统不是孤立的,事情也不可能是这样(如果我们希望以严格的精确性进行论证的话),因为在没有考虑到外部物体作用的情况下,不可能描述支配这个系统的规律。可是,却存在着几乎孤立的、被其他物体包围的系统,这些物体要近到足以被看得见,然而又远到难以感觉到它们的作用力。对于与恒星有关的我们的地上世界来说,所发生的情况就是这样。因此,我们可以阐明这个地上世界的规律,就好像恒星不存在一样,但我们仍可以把这个世界与完全确定的并与这些恒星不变地联系在一起的坐标系关联起来。所以,经验告诉我们,坐标系的选择无关紧要,当进行坐标变换时,方程不会不成立。正如我们知道的,坐标轴的可能变换的集合形成一个六维群。

让我们撇开我们通常的空间不谈,让我们用在服从现象"平行关系"的意义上是等价的其他方程未代替我们的方程。每当我们涉及到近似孤立的系统时,将存在极其普遍的事实和将保持不变的不变性特性;将存在不会使方程不成立的变换群。这些变换将不再具有坐标轴变换的含义,它们的含义能够是无论什么东西,可是这些变换所形成的群必须始终与我们刚刚提到的六维群保持同构。没有这一点,就不会有任何平行关系。 42

因为这个群在所有的情况下起着重要的作用,因为它与坐标轴在通常空间中变换的群同构,还因为它如此密切地和我们的三维空间联系在一起,由于这些理由,当这个群以最自然的方式,即通过引入三维空间被提出时,我们的方程将取它们最简单的形式。

并且由于这个群本身与被认为固体的每一单元的位置变化的群同构,由于服从这个群的规律的运动固体的这一性质通过最终分析只不过是我刚刚注意到的不变性这一特征的特例,所以我们看到,在导致我们把三维赋予空间的物理学的根据和在本章第一节提出的心理学的根据之间,并不存在基本的差别。

6."拓扑学"和直觉

我想附加一点评论,它仅仅与我已经说过的东西间接有关。我们在上面看到了拓扑学的重要性,我解释道,在这里有几何学直觉的合法领域。这种直觉存在吗? 我将回想起,存在着不要直觉也想取得进展的企图,而且希尔伯特(Hilbert)先生试图建立一种所谓的理性几何学,因为这种几何学一点也不诉诸直觉。它以一定数目的公理或公设为基础,这些公理或公设被认为不是直觉的真理,而认为是伪装的定义。这些公理被分为五组。关于其中的四组,我已在某些场合提到了,在某种程度上把它们视为只包含伪装的定义是合理的。

在这里,我想着重强调一下其中的一组;即第二组,"次序公理"组。为了充分解释这个组涉及什么内容,我将引用它们中的一个。如果在任一线上的 A 和 B 之间有任意一点 C 在 A 和 C 之间有任一点 D,那么点 D 将处在 A 和 B 之间。按照希尔伯特先生的观点,其中没有直觉的真理;我们同意说,在某些情况下,C 在 A 和 B 之间,可是除了我们知道点或线是什么之外,我们不知道这意味着什么更多的东西。按照我们的法则,为了在任意三个点之间指定任何关系,我们能够使用"在……之间"这个表述,只要这个关系满足次序公理即可。于是,这些公理在我们看来好像是"在……之间"这个词的定义。

因此,有可能利用这些公理,只要满足这个条件,即证明它们不相互矛盾；而且，几何学也有可能建立在它们的基础上，在这种几何学中，将不需要图形，它能够被既没有视觉、触觉，也没有肌肉感觉以及任何感觉的人所理解，它可以归结为纯粹的知性。

是的，这种人也许会在下述意义上来理解：他十分清楚地认识到，这些命题在逻辑上可以使一个从另一个中推导出来；但是，这些命题的集合对他来说似乎是人为的和奇异的，他不理解为什么是这种命题集合，而不是许多其他可能的集合更受欢迎。

如果我们没有经历同样的惊奇，那正是因为对于我们来说，公理实际上不是简单的定义和任意的约定，而是真正证明为正确的约定。至于其他各组公理，我依然认为，它们之所以被证明是正确的，是因为它们是与我们熟悉的某些经验事实最近似符合的东西，因而对于我们来说，它们是最方便的。谈到次序公理，在我看来，似乎存在着某种更多的东西；它们是与拓扑学有关的真实的直觉命题。我们看到，点 C 在一条线上其他两点之间的事实与借助于由不可逾越的点形成的截量去截取一维连续统的方法有关。

可是，接着便产生了一个问题：像次序公理这样一些真理是通过直觉向我们揭示出来的；但是，这是有关空间直觉本身的事情呢，还是有关一般的数学连续统或物理连续统直觉的事情呢？倘若赞成第一种解决办法，我们可以容易地论证空间，但是要论证更复杂的连续统、要论证不能在空间中来描述的大于三维的连续统就困难得多了。

而且，如果第一种解决办法被采纳，这里的全部讨论会变得毫无用处；我们之所以将三维性直率地赋予空间，是因为三维连续统是我们能够具有清晰直觉的唯一连续统。

　　但是,还存在着大于三维的拓扑学。我没有说它是一门容易的科学,我为此付出了巨大的努力,没有考虑到会在其中遇到这么多困难。但是,无论如何,这门科学是可能的,它并未全部停留在分析学上。要是不持续在诉诸直觉,就无法成功地把它探究下去。因此,确实存在着大于三维的连续统的直觉;与通常的几何学直觉相比,如果它要求比较持久的注意力,那么这无疑是一个习惯问题,也无疑是当维数增加时,连续统复杂性急剧增加的结果。我们难道在我们的中等学校没有看到平面几何学得很好的学生"无法想象空间"吗? 那不是他们缺乏三维空间的直觉,而是他们不习惯于运用它,他们需要作出努力才能如此。而且,为了想象空间图形,我们难道不去相继地想象这个图形的各种可能的远景吗?

　　我将得出结论,我们大家都有任意维数的连续统的直觉概念,因为我们具有构造物理连续统和数学连续统的能力;而且,这种能力之所以在任何经验之前就在我们身上存在着,是因为没有它,经验严格说来是不可能的,会沦为不适合任何有机体的没有理性的感觉;是因为这种直觉只不过是我们具有这种本能的意识。然而,这种本能可以以不同的方式来运用;它能够使我们像构造三维空间那样来构造四维空间。正是外部世界,正是经验,引导我们在一种意义、而不是在另一种意义上运用它。

第四章 无限的逻辑

1. 分类应当是什么

当我们无论何时考虑由无限数目的物体组成的集合时，通常的逻辑规则还能应用吗？乍看起来，这是一个尚未被询问过的问题，可是它却引导我们去考查，专门研究无限的数学家何时会突然遇到某些表面上的矛盾。这些矛盾是出自逻辑规则被误用的事实呢，还是出自它们在它们的适用领域之外、即在仅由有限数目的物体形成的集合之外不再有效的事实呢？我认为，就这个课题讲几句话，给我的读者提供一个关于这个问题所引起的争论的观念，并不是没有意义的。

形式逻辑无非是研究对所有分类都是共同的那些性质；它告诉我们，是同一个团的成员的两个士兵正是由于这个事实而属于同一个旅，从而属于同一个师；三段论法的整个理论被归结为这一点。可是，这种逻辑规则是有效的必要条件是什么呢？它就是，所采用的分类是不可改变的。我们了解到两个士兵是同一个团的成员，我们想要得出结论说，他们是同一个旅的成员；我们有权利这样做，倘若在进行我们的推理所消磨的时间内，两人之一没有从一个团调到另一个团的话。

所揭示出的悖论完全来源于忘记了这个十分简单的条件：分类依赖的基础并非不可改变，它并不能够如此；预防办法就是着手宣布它是不可改变的；但是，这种预防办法是不充分的。有必要提出它事实上是不可改变的，但有一些场合，在其中这是不可能的。

请容许我再次提及罗素(Russell)先生引用的例子。毕竟，他提到这个例子是要驳倒我。他想证明，困难并不是来自实无限的引入，因为即使在只考虑有限数时也能够遇到它们。我以后将返回到这一点，但这不是现在要考虑的课题，我之所以选中这个例子，是因为它是有趣的，它使我刚才指出的事实显得更为重要。

用具有不到一百个法语单词组成的语句不能定义的最小整数是什么呢？而且，这个数存在吗？

是的；因为用一百个法语单词，我们只能构造有限数目的语句，由于在法语字典中，单词的数目是有限的。在这些语句中，将存在一些没有意义的或不定义任何整数的语句。但是，这些语句中的每一个至多能够定义一个单个的整数。因此，能够以这种方式定义的整数的数目是有限的；所以，肯定存在着一些整数不能这样来定义；在这些整数当中，肯定有一个比所有其他整数都小。

否；因为要是这个整数存在，它的存在便意味着矛盾，由于它可以用不到一百个法语单词的语句来定义；就是说，可以用断言它不能被定义的那个语句来定义。

这种推理停留在把整数分为两个范畴的分类上：一个范畴能用不到一百个法语单词的语句来定义，另一个范畴则不能。在询问这个问题时，我们暗中宣布，这种分类是不可改变的，我们只有在它明确地建立起来之后才能开始我们的推理。可是,这是不可能的。只有当我们审查了所有由不到一百个单词组成的语句时,只有当我们排除掉那些没有意义的语句时,只有当我们明确地确定了具有意义的语句的意义时,分类才能够是决定性的。但是,在这些语句中,存在着一些只有在分类固定之后才能够具有意义的语句;它们是涉及到分类本身的语句。总而言之,数的分类只有在语句的选择完成之后才能够固定下来,而这种选择也只有在分类被确定之后才能够完成,以至于无论分类还是选择永远也不能终止下来。

当涉及无限的集合时,甚至会更频繁地遇到这些困难。让我们设想,需要对这些集合之一的元素进行分类,分类的原则依赖于被分类的元素与整个集合的某种关系。这样的分类在任何时候能够被认为是确定的吗? 不存在实无限,当我们说无限的集合时,我们理解的是我们能够把新元素不停地添加到其中的集合(类似于为等待新订户,永远没完没了的订购单)。因为分类不能彻底地完成,除非在订购单结束之时;每当新元素添加进集合中,这个集合都要被修正;因此,有可能修正这个集合和已被分类的元素的关系;由于这些元素被放置在这个或那个抽屉内与这种关系一致,因而能够发生下述情况:一旦这种关系被修正,这些元素将不再处于合适的抽屉内,而且必须移动它们。只要引入新元素,就不得不担心,这项工作可能全都得重新开始;因为没有新元素被引入的事从来也不会发生;因此分类将永远也不会被固定。

我们由此在适用于无限集合的元素的两种分类之间作出区分:断言的(predicative)分类,它不会由于新元素的引入而扰动;

非断言的(non-predicative)分类,在这种分类中,新元素的引入必
然要引起不断的修正。

例如,让我们假定,我们按照整数的大小将它分为两族。我们
不考虑一个数与其他整数集的关系,就能够分辨出这个数比 10 大
还是比 10 小。大概,在头 100 个数被确定之后,我们就知道,在它
们之中哪些小于 10、哪些大于 10。然后,当我们引入 101 这个数
时,或者引入任何一个接着它的数时,在头 100 个整数内,小于 10
的那些数将依然小于 10,大于 10 的那些数将依然大于 10;分类是
断言的。

相反地,让我们设想,我们希望把空间中的点进行分类,我们
在能够用有限数目的单词来定义的点和不能用有限数目单词来定
义的点之间作出区分。在可能的语句中,将存在着一些涉及到全
部集合,也就是涉及到空间或空间某些部分的语句。当我们在空
间中引入新点后,这些语句将改变意义,它们将不再定义同一个
点;或者,它们将失去一切意义;要不然,它们将获得意义,虽然它
们起先没有任何意义。于是,不能定义的点将变得能够定义,另外
一些能够被定义的点将不能被定义了。它们将必须从一个范畴变
到另一个范畴。分类将不是断言的。

有一些好心人,他们相信,人们可以推理的唯一对象是那些能
够用有限数目的单词定义的对象。我更加乐于认为他们是好心
人,因为我自己马上要为他们的见解辩护。因此,可以认为前面的
例子是拙劣的选择,但是很容易修正它。

为了对整数或空间中的点进行分类,我将考虑定义每一个整
数或每一个点的语句。由于会发生同一个数或同一个点能够用许

多语句来定义的情况,我将按字母顺序排列这些语句,并将在这些
语句中选择第一个。以此作为条件,这个语句将以元音或辅音结
束,分类能够按照这个标准作出。但是,这种分类不可能是断言
的;通过引入新整数或新点,没有意义的语句可以获得意义。于
是,对于定义已经引入的整数或点的语句一览表来说,它将必然要
添加新语句,到这时还没有意义的语句恰恰获得了意义,而且定义
的正好是同一个点。能够发生这样的情况:这些新语句占据按字
母顺序排列的第一个位置,它们以元音结束,而原先的语句则以辅
音结束。于是,原来位于第一个范畴的整数和点将不得不转移到
另一个范畴。

另一方面,如果我们按照空间中的点的坐标的大小来对这些
点进行分类,如果我们一致同意分类所有横坐标小于 10 的点,那
么新点的引入将不会改变分类中的任何东西;已经引入的满足该
条件的点在引入新点之后也将满足该条件。分类将是断言的。

我们刚才就分类所说的东西直接适用于定义。实际上,每一
个定义就是一种分类。它把满足定义的对象与不满足定义的对象
分开,并且它按两种不同的类排列它们。如果像经院哲学所作的
那样,通过近缘的类和不同的种继续做下去,那么它显然依赖由类
到种的划分。像所有的定义一样,定义可以是断言的,或不可以是
断言的。

但是,在这里遇到了一个困难。让我们再考虑原先的例子。[49]
整数属于类 A 还是属于类 B,取决于它们小于 10.5 还是大于
10.5。我定义了某些整数 $\alpha, \beta, \gamma \cdots \cdots$,我把它们分配在这两类 A
和 B 之中。我定义并引入新的整数。我说过,分配未被修正,从

而分类是断言的。可是,为了不修正数 α 在分类中的位置,不改变分类方案是不充分的;数 α 依然保持相同也是必要的;也就是说,它的定义是断言的。因此,从某种观点来看,我们不应当说,分类以绝对的方式是断言的,但是相对于定义方法而言,它却是断言的。

2. 基数

当定义基数时,我们不应忘记原先的考虑。如果我们考虑两个集合,那么以对于第一个集合的每一个对象,都有第二个集合的一个并且是唯一的一个对象与之相对应的方式(反之亦然),我们能够尝试在这两个集合之间建立起对应规律。如果这是可能的,我们便说两个集合有相同的基数。

但是,对应规律又必须是断言的。如果我们处理两个无限的集合,那么将永远不可能想象这两个集合会被穷尽。如果我们假定,我们在第一个集合中取了一定数目的对象,那么对应规律将使我们能够定义第二个集合的相应对象。如果我们接着引入新的对象,那么新对象的引入必须以下述方式改变对应规律的意义:第二个集合的对象 A' 在引入新对象前对应于第一个集合物的对象 A,在新对象引入之后,A' 就不再与 A 对应了。在这种情况下,对应规律将不是断言的。

这就是我借助于两个相反的例子想要解释的东西。我正在考虑整数的集合和偶数的集合。数 $2n$ 可以与每一个整数 n 对应。当我引入新整数时,与 n 对应的将总是同一个数 $2n$。对应规律是断言的;例如,为了证明有理数的基数等于整数的基础,或空间的点的基数等于线上的点的基数,康托尔(Cantor)所考虑的东西都是如此。

另一方面,让我们设想一下,我们正在把整数集与能够用有限数目的单词来定义的空间的点集加以比较,我在它们之间建立起下述对应。我将列举所有可能的语句。我将按照它们中的单词数目排列它们,按字母顺序安置具有相同单词数的语句。我将除去所有没有意义的或没有定义任何点的语句,或者该语句虽然定义了点,但是这个点已用先前的一个语句定义过。对于每一个点来说,我都使定义它的语句和在修正一览表中描述这个命题位置的数目对应起来。

当我引入新点时,可能会发生一些没有意义的语句将获得意义;我们将不得不在起初从中除去它们的一览表中使它们恢复原来的位置;所有其他语句的顺序数将被改变。对应关系将被全部打乱;我们的对应规律不是断言的。

在比较基数时,如果我们不注意这个条件,那么便会导致奇异的悖论。因此,有必要通过说明作为这个定义基础的对应规律必须是断言的,来修正基数的定义。

每一个对应规律都以二重分类为基础。我们希望比较的两个集合的对象必须被分类;而两个分类必须是平行的。例如,如果第一个集合的对象被分类,类本身又细分为阶,阶又细分为族等等,对于第二个集合的对象必须遵循同样的过程。第一个分类的每一个类必须与第二个分类的一个类并且是唯一的一个类相对应,第一个分类的每一个阶必须与第二个分类的一个阶并且是唯一的一个阶相对应,如此等等,直到个别对象本身。

　　于是,我们看到,要使对应规律是断言的条件必须是什么。有必要使对应规律所依据的两个分类本身是断言的。

3. 罗素先生的论文

　　罗素先生在《美国数学杂志》第×××卷上发表了一篇论文,该文的题目是"以类型理论为基础的数理逻辑",它是以完全类似于前面的考虑为基础的。在逻辑学家中唤起对一些最有名的悖论的注意之后,他寻找它们的来源,并发现这恰恰在于一种循环论证。悖论之所以发生,是因为集合被认为包含着这样的对象,在这些对象的定义中,集合的概念本身是固有的。非断言的定义已被使用罗素先生说,在"所有"(all)和"任何"(any)这两个单词之间存在着混乱,这两个词在法语中可用 tous 和 quelconque 来表述。

　　他于是转而想象他称之为类型谱系(hierachy of types)的东西。让我们设想一个命题对于一定类的任何个体都为真。所谓任何个体,我们必须首先理解这个类的所有个体,它们能够在没有使用命题本身概念的情况下被定义。我将称它们为任何第一阶的个体;当我断言该命题对所有这些个体为真时,我将断言一个第一阶的命题。于是,任何第二阶的个体将是这样一个个体,其定义能够包含这个第一阶的命题的概念。如果我断言所有第二阶个体的命题,我将具有一个第二阶的命题。第三阶的个体将是其定义能够包含这个第二阶命题的概念的个体,如此等等。

　　让我举爱皮梅尼特(Epirnenides)的例子。第一个阶中的说谎

者将总是在说谎,除非当他说"我是第一个阶中的说谎者"时;第二
个阶中的说谎者将总是在说谎,即使在他说"我是第一个阶中的说
谎者"时也是如此,可是当他说"我是第二个阶中的说谎者"时,他
就不再是在说谎了。如此等等。于是,当爱皮梅尼特告诉我们:
"我是说谎者",我们应该问他:"哪一个阶的?"只有在他回答了这
个合理的问题之后,他的断言才有意义。

　　让我们接着举一个更科学的例子,并且考虑整数的定义。如
果一种特性是零的特性,并且如果它不是 $n+1$ 的特性,它就不可
能是 n 的特性,那么它就被说成是递归的;我们说,具有递归特性
的所有数形成一个递归类。因此,按照定义,一个整数是具有递归
特性的一个数,也就是说,它属于所有的递归类。

　　从这个定义出发,我们能够得出两个整数的和是整数的结论
吗? 看来似乎是这样;这是因为,如果 n 是已知的整数,那么致使
$n+x$ 是整数的这样的数 x 形成递归类。如果 $n+x$ 不是整数,那
么数 x 因而也不会是整数。但是,我们已经讲过的这个递归类的
定义不是断言的,因为在这个定义(它告诉我们 $n+x$ 必须是整
数)中,出现了预先假定所有递归类概念的整数概念。

　　从而产生了利用下述迂回方法的必要性:让我们把所有在没
有引入整数概念的情况下能够被定义的那些类看作是一阶递归 52
类,把属于所有一阶递归类的数看作是一阶整数。接着,让我们把
在出现需要时通过引入一阶整数概念、而不引入更高阶整数概念
就能够被定义的类看作是二阶递归类。让我们把所有属于二阶递
归类的数叫作二阶整数,如此等等。然后,我们能够证明的不是两
个整数的和是整数,而是两个 K 阶整数的和是 $K-1$ 阶的整数。

我想,这些例子将足以传达罗素先生要求的类型谱系。可是,这时产生了作者没有提出见解的各种问题。

1.在这个谱系中,毫无困难地出现一阶命题、二阶命题等等,一般地是 n 阶命题,n 是任何有限整数。可以同样地考虑 α 阶(α 是超限序数)的命题吗?这正是柯尼希(König)先生所思考的理论,该理论在本质上与罗素先生的理论没有什么区别。他使用特殊的记号系统,在这个系统中,他用 $A(NV)$ 表示一阶对象,用 $A(NV)^2$ 表示二阶对象,等等,NV 是述语"不变的"(ne varietur)词首的大写字母。就他来说,他毫不犹豫地引入 $A(NV)^\alpha$——其中 α 是超限的——可是却没有充分解释他由此了解到什么。

2.如果我们对第一个问题回答"是",那就必须解释由 ω 阶对象了解了什么,ω 是寻常无限,即第一超限序数;或者必须解释由 α 阶对象了解了什么,α 是任何超限序数。

3.另一方面,如果我们对第一个问题回答"否",那么将怎样有可能把有限数和无限数的区别建立在类型理论的基础上呢?因为如果不假定已经作出这种区别,那么这个理论就失去了意义。

4.更一般地,我们对第一个问题要么回答"是",要么就是回答"否",如果我们不假定序数理论已经建立起来,那么类型理论就是不可理解的。这时,将怎样有可能把序数理论建立在类型理论的基础上呢?

4. 可约性公理

罗素先生引入了一个新公理,他把这个公理叫作可约性公理。

由于我没有把握已完全理解了他的思想,因此我将直接引用他的话:"我们假定,每一个函项对于它的所有值来说等价于同一自变数的某个断言函项。"为了理解这个断言,必须提到在这篇论文开头所给出的定义。什么是函项?什么是断言函项?如果命题是就给定对象 a 断言的,那么这就是特称命题;如果它是就不定对象 x 断言的,那么它就是 x 的命题函项。该命题将是类型谱系中的某一阶,无论 x 可能是什么,这个阶将不相同,因为它依赖于 x 的阶。当 x 是 K 阶,如果该函项是 $K+1$ 阶,那么它将被宣称是断言函项。

即使在这些定义之后,该公理的意义还不是很清楚的,举几个例子也许不会是多余的。罗素先生没有给出任何例子,我很犹豫是否给出我自己的任何例子,因为我怕误述了他的思想,我不敢保证已完全把握了他的思想。但是,即使没有把握它,但也有一件我不能怀疑的事情,这就是其中包含着一个新公理。借助于这个公理,人们期望能够证明数学归纳法原理;但我也希望不要完全否认这种可能性,即我怀疑这个公理可能是同一原理的另一种形式。

于是,我竟情不自禁地想起了所有宣称依靠他的一个推论并把这个推论看作是自明的真理而来证明欧几里得公设的人。他们得到了什么呢?不管这个真理是多么自明的,它将比公设本身更为自明吗?

因此,就公设数目而论,我们一无所获。但我们至少在质的方面有所收获吗?

在什么方面新公理表明自身比归纳法原理更为可取呢?

第一,它可以用更简单、更清楚的术语来陈述吗?这是可能

的,因为罗素先生给我们的东西无疑可以被改进;但是不一定很有
希望。

第二,如果人们从归纳法原理出发,可以证明可约性公理,那
么可约性公理比归纳法原理更为普遍吗?

第三,相反地,可约性公理看上去没有归纳法原理普遍吗? 所
以尽管归纳法原理包含在可约性公理之中,但我们没有立即察觉
到前者包含在该公理中。

第四,这个公理的使用更密切地与我们心智的天然倾向一致
吗? 能够从心理学上证明它吗?

我把我自己限定在这些问题上;我缺乏解决它们的手段,因为
我未能完全理解这个公理的意义。

54　　由于罗素先生给的资料十分有限,我不能期望完全把握其意
义,即使如此,我至少可以作一些推测。例如,在这里有像整数的
定义这样的命题;有限整数是一个作为所有递归类的元的数。这
个命题本身没有意义,只有指定所涉及的递归类的阶时,它才会有
意义。但是,幸运的是,这种情况发生了;何况每一个二阶整数更
有理由是一阶整数,因为它属于头两阶的所有递归类,从而属于一
阶的所有递归类;每一个 K 阶整数同样也更有理由是 $K-1$ 阶的
整数。于是,导致我们可以定义越来越多的有限类的系列,一阶整
数、二阶整数……n 阶整数,它们的每一个都包含在前一个中。我
将把同时属于所有那些类的每一个数称为“ω 阶整数”;ω 阶整数
的这种定义有意义,而且能够认为它等价于首次针对还没有任何
意义的整数提出的定义。这就是像罗素先生所理解的可约性公理
的正确应用吗? 我提供这个例子的信心是不足的。

不过,让我们接受它,让我们再次考虑要证明的关于两个整数之和的定理。我们已经确定,两个 K 阶整数之和是 $K-1$ 阶整数,我们希望得出结论:如果 x 和 n 是两个 ω 阶整数,那么 $n+x$ 之和也是 ω 阶整数。事实上,不管 K 可能多么大,为此只要确定 $n+x$ 是 K 阶整数就足够了。因为如果,n 和 x 是 ω 阶整数,那么它们将更有理由是 $K+1$ 阶整数;因此,借助于已经确立的定理,$n+x$ 是 K 阶整数……

证　毕

罗素先生的公理能够以这种方式运用吗? 我倒感到,这并非严格如此,罗素先生可能给出完全不同的推理形式,但是基础依然是相同的。

我不想在这里讨论证明方法的有效性。

我将暂且把我自己限定在下述观察内。随着 n 阶对象概念的引入,我们已被导致引入 ω 阶对象的概念,就整数而论,在定义这个新概念时,我们认为我们获得了成功。但是,这不会总是成功的;例如,对爱皮梅尼特来说,这根本不会是有效的。下述情况已保证获得成功。在研究中的分类不是断言的,新元素的添加必须修正原先被引入的和被分类的元素的分类。无论如何,这种修正只能在一个方向进行;也许必须使一些对象从 A 类变换到 B 类(即从整数类变换到非整数类),但是永远也不能使它们从 B 类变换到 A 类。在时而在一个方向、时而在另一个方向必须作出修正的情况下,为了定义 ω 阶对象,一个新约定该是必要的。

其次,ω 阶整数的定义不同于 K 阶整数的定义,其中 K 是有限的。K 阶整数是通过递归从 $K-1$ 阶整数的概念推论出 K 阶

整数的概念而定义的。ω 阶整数通过极限来定义,也就是使这个
新概念与无数原先的概念,即与所有有限阶整数的概念相关来定
义。因而,对于并不知道有限数是什么的人来说,此时这两个定义
可能是无法理解的;他们预先假定有限数和无限数之间的区别。
因此,这个区别不能建立在这些定义的基础上。

5. 策默罗先生的论文

　　正是在完全不同的方向上,策默罗(Zermelo)先生寻求我们已
经指出的困难的解决办法。他力求假定一个先验的公理系统,该
系统容许他在不面临矛盾的情况下证明所有的数学真理有许多估
计公理作用的途径;它们能够被视为任意的规定,这些规定无非是
基本概念的伪装的定义。因此希尔伯特先生在几何学的开头引入
"物"(things),他把点、直线和平面称为物,不管是忘却还是似乎
是片刻忘却这些词的共同意义,他都针对这些物拟定了定义它们
的各种关系。

　　为使这成为合理的,就必须证明,由此引入的公理是不矛盾
的,而就几何学而言,希尔伯特先生完全取得了成功,因为他设想
分析已经建立起来了,因为他能够在这个证明中利用它。策默罗
先生没有证明他的公理是摆脱了矛盾的,而且他不能这样做,因为
要这样做,他就应当利用其他已经确立的真理作为基础。但是,谈
到已经确立起来的真理和已经完成了的科学——他假定到当时为
止还不存在;他排除任何东西,他希望他的公理是完全自身充分
的。

因此,公设能够把它们的价值仅仅归于某种类似于任意规定的东西;它们必须是自明的。正因为自明不能被证明,所以要证明这种自明,我们从而必须力图深入到创造这种自明感的心理学机制。而这就是产生困难的地方;策默罗先生承认某些公理,而排斥另一些乍看起来似乎正像他保留的公理一样自明的公理。如果他完全保留它们,他就会陷入矛盾;因此,对他来说,有必要作出选择。但是,我们可能会感到奇怪,他选择的根据是什么,这使得我们必须要谨慎小心。

就这样,他以反对康托尔的定义开始:集(set)是任何与其他不同的、任何被认为是形成一个整体的对象的集合。因此,我没有权利谈论满足这个条件或那个条件的所有对象的集。这些对象没有形成集(set 或 Menge)*,但是有必要用某种东西代替我们排斥的定义。策默罗先生把他自己限制在这样一个陈述内:让我们考虑任何类型对象的域(domain,Bereich)**;在两个这样的对象 x 和 y 之间可以存在 $x \in y$ 的形式关系,于是我们将说,x 是 y 的元素以及 y 是集(set)或 Menge。

显然,这不是定义。任何一个不知道 Menge 是什么的人,当他得知用符号 $\in$ 表示它时,他将不会更好地认识它,因为他不知道 $\in$ 是什么。如果符号 $\in$ 后来用被视为任意规定的公理来定义,这样事情就过得去了。但是,我们刚才已看到,这种观点是站不住脚的。因此,我们必须预先了解 Menge 是什么,我们必须具有它的

---

* Menge,德语词汇,相当于 set(集)。——中译者注
** domain 是英语词汇,Bereich 是德语词汇。——中译者注

直觉观念。正是这种直觉,使我们能够理解∈是什么;没有这一点,∈只不过是缺乏意义的、不能宣称有任何自明性质的符号。但是,如果这种直觉不是我们轻蔑地排斥的廉托尔的定义,那么它能够是什么呢?

让我们略过这个困难,我们将在以后试图阐明它,让我们列举一个策默罗先生所设想的公理;它们总共有七个:

1.具有相同元素的两个集(Menge)是等价的。

2.存在着不包含任何元素的集(Menge),这就是空集(Nullmenge);如果存在对象 a ,那么便存在 Menge(a),这个对象是该 Menge 的唯一元素;如果存在两个对象 a 和 b ,那么便存在 Menge(a,b),这两个对象是该 Menge 的仅有的一些元素。

3.Menge M 中的所有满足条件 x 的元素的集形成 M 的子集(subset,Untermenge)*。

4.对于每一个 Menge T,相应地存在着由 T 的所有子集(Untermenge)形成的另一个 MengeUT。

5.让我们考虑 Menge T,其元素是那些 Mengen** 本身;存在着 MengeST,其元素是 T 的元素的元素。例如,如果 T 有三个元素 A,B,C ,它们本身是 Mengen;如果 A 有两个元素 a 和 a',B 有两个元素 b 和 b',C 有两个元素 c 和 c',ST 将有六个元素 a,b,c,a',b',c'。

---

　*　subset 是英语词汇,Untermenge 是德语词汇。——中译者注
　**　Mengen 是 Menge 的复数。——中译者注

6.如果存在着一个 Menge T,其元素是那些 Mengen 本身,那么有可能在这些基本 Mengen 中的每一个中选择的一个元素,而且如此选择的元素的集形成 ST 的一个 Untermenge。

7.至少存在一个无限 Menge。

在讨论这些公理之前,我们必须回答一个问题:在叙述它们时,为什么保留德语词汇 Menge 而不用法语词汇 ensemble[集,set]? 这正是因为我没有把握,词 Menge 在这些公理中保持它的直观意义,没有这种直观意义,就很难排斥康托尔的定义;现在,法语词汇 ensemble 使我们太强烈地想起这种直观意义,以至于当意义改变时,我们不能方便地利用它。

我不想过多地强调第七个公理;尽管如此,我必须就它说几句话,以便唤起对策默罗先生用来陈述该公理的十分首创性的方法的注意。他没有使他自己满足于我已经给出的陈述。他说:存在一个 Menge M,该集在不包含作为一个元素 Menge(a)的情况下也不能包含元素 a ,即在该 Menge 中,元素 a 是唯一的元素。因此,如果 M 容纳元素 a ,那么它将容纳一系列其他元素,也就是说,它将容纳 a 是唯一元素的 Menge,在该 Menge 中,唯一的元素是仅有一个元素 a 的 Menge,如此等等。可以清楚地看到,这些元素的数目必然是无限的。乍看起来,这个弯路似乎是很奇怪的和人为的,实际确是这样;可是,策默罗先生想避免使用无限一词,因为他认为他的公理先于有限和无限的区分。

让我们考虑前六个公理;它们能够被视为明显的,一旦我们赋予 Menge 这个词以它的直观意义,并且仅仅考虑有限数目的对象

的话。但是,它们不过是作者明确反对的另一个公理:

8.任何种类的对象形成一个 Menge。
　·　·　·　·　·　·　·　·　·　·　·　·

因此,我们必须问一个问题:无论何时涉及到无限的集合,为什么公理 8 不再具有自明性而头六个公理依然是自明的呢?

为了解决这个问题,我们要返回到公理的陈述,如果这样的话,我们将经历我们第一次的惊奇。我们将注意到,所有这些公理都毫无例外地告诉我们,只有一种东西,即按照某些规律形成的某些集合才能构成 Menge,以至于这些公理对我们来说只不过是作为预定扩大 Menge 这个词的意义的一些法则,作为该词的一些纯粹的定义。这对于我们反对的第八个公理来说是正确的,正像对于我们接受的头七条公理来说是正确的一样。

可是,我们不久便被警告说,这头一个印象是错误的;词的类似的定义不会把我们引向矛盾;只有在我们具有断言某些集合不是 Mengen 的其他公理的时候,才不得不形成矛盾;而我们却没有这样的集合。但是,如果我们排斥第八个公理,那就会避免矛盾。策默罗先生就是这样明确地说的。

因此,情况必定是,他没有把他的公理看作是词的简单定义,他赋予 Menge 这个词以直觉意义,这种意义在他所有陈述之前就存在着,尽管该意义与通常的意义有某种差别。当探讨作者在他的论证中对它的用法时,就不可能不注意到这一点。Menge 是我们能够推论的某种东西;它在一定程度是某种固定的、不可改变的东西。为了确定一个集即 Menge,确定无论什么集合,总是要进行分类,总是要把属于这个集的对象与不是它的部分的对象分离开来。如果相应的分类不是断言的,那么我们将说,这个集不是一个 Menge;如果这种分类是断言的,或者如果它就像它曾经是的那样是可能加以推论的,那么它就是一个 Menge。

如果我们排斥第八个公理,正是因为无论任何对象都毫无疑问地形成集合,但却是永远不封闭的集合;其顺序能够在任何时刻通过添加意想不到的元素而被推翻。它是一个非断言的集合,相反地,当我们说,例如对于每一个 Menge T,总是相应地存在着另一个用这种或那种方式定义的 Menge UT 或 ST,我们宣称,这个定义是断言的,或者我们有权像它曾经是的那样去行动。

这里是说在策默罗先生的下述理论中起基本作用的区分的地方了,策默罗理论说:"这样一个问题或陈述 E 可以称之为确定的,即关于这个域的基本关系的有效性和无效性能够毫无任意性地由公理和普遍有效的逻辑规律区分开来。""确定的"(definii)*这个词在这里似乎合理地与"断言的"一词同义。但是,策默罗先生对它所作的使用表明,同义并不是完全的。因此让我们设想,例如,这个问题 E 如下:Menge M 的某一元素与同一 Menge 的所有其他元素具有某种关系吗? 我们同意说我们必须回答是的所有元素形成一个类 K 吗? 至于我,我赞同罗素先生的观点,也认为这样一个问题不是断言的;因为 M 的其他元素是无限的,因为可以不断地引入新的元素,因为在引入的新元素中可能存在其定义包含类 K 的概念的某些元素,也就是说,包含着具有特性 E 的元素

----

* definit 的德语词。——中译者注

集的概念。对于策默罗先生来说，在我没有精确认识在确定的问题和不是确定的问题之间存在着严格分界的情况下，这个问题可能是确定的。对他来说，情况似乎是，为了知道一个元素相对于 M 的所有其他元素是否具有特性 E，只要检验它相对于它们中的每一个是否具有特性 E 就足够了。如果该问题相对于它的每一个元素都是确定的，那么根据这一事实，它相对于所有这些元素也是如此。

正是在这里，在我们的观点中出现了分歧。策默罗先生不容许他自己考虑所有满足某一条件的对象的集，因为在他看来，似乎这个集永远不是封闭的；引入新对象总是可能的。另一方面，在谈到是某一 Menge M 的一部分而且也满足某一条件的对象的集时，他毫不踌躇。对他来说，情况似乎是，人们在不具有集的所有元素的同时是不可能具有 Menge 的。在这些元素中，他将选择满足给定条件的元素，他将能够十分沉着地作出这一选择，而不担心被新的、未曾料到的元素的引入所扰乱，因为他手头已经拥有所有这些元素。由于预先假定了这个 Menge M，他筑起了一道围墙，不让来自外部的入侵者闯入。但是，他没有询问，是否存在着他把其圈进他的围墙内的内部入侵者呢？如果 Menge M 具有无限数目的元素，那么这并不意味着这些元素能够被想象为预先同时存在着，而是意味着新元素有可能不断地产生；它们将在墙内产生而不是在墙外产生；这就是一切。当我说所有的整数时，我意味着所有已经被发明出来的整数和所有将有一天能够被发明出来的整数。当我说空间中的所有点时，我意味着所有其坐标能够用有理数、或用代数数、或用积分、或用任何其他能够被发明出来的方法描述的

点。正是这个"能够"，就是无限。但是，有可能发明出将能够用许
多方法来定义的一些东西，如果我们把我们不久前所做的归诸我
们的问题 E 和我们的类 K，那么每当 M 的新元素被定义，问题 E
会再次产生；因为在我们能够定义的元素中，将存在着一些其定义
依赖这个类 K 的元素。以至于没有可能避免循环论证。

这就是策默罗先生的公理为什么不可能使我感到满意的原
因。在我看来，它们不仅不是明显的，而且当有人问我它们是否摆
脱了矛盾时，我将不知道回答什么。作者认为，他通过摒弃任何超
越于闭 Menge 的限制的思辨，正在避免最大基数的悖论。他认为
他仅仅通过询问那些是确定的问题，正在避免理查德（Richard）的
悖论；按照他附加于这一表述的意义，这排除关于能够用有限数目
的词来定义的对象的一切考虑。但是，尽管他谨慎地关上了他的
羊圈，我不敢担保，他没有放进想要吃羊的狼。只有他证明他免除
了矛盾，我才会感到安心；我只是非常清楚地知道，他不能这样做，
因为这有必要引用归纳法原理，他对归纳法原理并不怀疑，但他后
来提议对此进行证明。他应当忽略了它；这可能以逻辑错误为代
价，但是我们至少会确信它。

6. 无限的作用

关于不能够用有限数目的词来定义的对象的推理是可能的
吗？甚至表达它们和了解我们正在谈论的东西以及不说无意义的
空话是可能的吗？或者，相反地，它们必须被看作是不可思议的
吗？至于我，我毫不犹豫地回答，它们只不过是虚无而已。

　　我们在任何时候遇到的所有对象要么是用有限数目的词来定义的,要么仅仅是不完全地被确定的,依然与许多其他对象不可区分;只有在我们把它们和与它们相混的其他对象区分开来后,我们才能够恰当地进行推理;也就是说,只有当我们成功地用有限数目的词来定义它们时。

　　如果我们考虑一个集,并且我们希望定义其中的不同元素,那么这个定义能够自然地被分为两部分;该定义的第一部分对该集的所有元素都共同适用,它将引导我们把它们与这个集不相容的元素区别开来;这将是该集的定义;第二部分将引导我们把该集的不同元素彼此区别开来。

　　这两部分中的每一个将由有限数目的词构成。如果我们表达其定义是已知的一个集的所有元素,那么我们希望表达满足该定义第一部分的所有对象,我们将借助于由我们可以希望的任何有限数目的词组成的语句成功地定义它们。只有该定义的头半部已知,你然后才能够通过选择你喜欢的下半部来完成它;但是,你必须完成它。如果我就集的所有对象陈述了一个命题,那么我意味着,要是一个对象满足该定义的第一部分,那么就这个对象而论,该命题将依然为真,不管你描述第二部分的方式如何。但是,如果你像你可以希望地那样能够陈述它,那你陈述它就是必要的;否则,该对象就可能是不可思议的,该命题就会没有意义。

　　对这种观点提出几点反对意见并不是不可能的,实际上已经这样做了。由有限数目的词构成的语句总是能够编上号码,因为例如可以按照字母顺序把它们分类。如果所有可想象的对象必须用这样的语句来定义,那么也可以给它们编号。因此,没有比现有的整数更可信的对象了；如果我们考虑空间，例如，如果我们从其中排除不能够用有限数目的词定义的、绝对虚无的点，那么依然存在的点并不比现有的整数更多些。康托尔证明了对立面。

这仅仅是错觉而已。要通过用来定义空间中的点的语句来描述空间的点，要按照形成这些语句的字母把这些语句和相应的点进行分类，这就是要构造一种不是断言的分类方法，这种分类方法要承担我在本章开头所提到的所有的不便、所有不合逻辑的推论和所有的悖论。康托尔究竟意指什么，他实际上究竟证明了什么？在整数和能用有限数目的词来定义的空间的点中，不可能发现满足下述条件的对应规律：

62

1.这个规律能够用有限数目的词来陈述。

2.给定任何整数，可以在空间中找到对应的点，这个点将被完全确定，毫无歧义；这个点的定义由两部分组成，即整数的定义和对应规律的陈述，它们能够被归结为有限数目的词，因为这个整数能够用有限数目的词来定义，而对应规律能够用有限数目的词来陈述。

3.给定空间中的点 *P*，我假定用有限数目的词定义该点（我自己没有摒弃使用这个定义与对应规律本身的关联，这在康托尔的证明中是必不可少的），那么将存在一个整数，该整数将毫无歧义地用对应规律的陈述和点 *P* 的定义来确定。

4.对应规律必须是断言的，也就是说，如果使点 *P* 对应于一个整数，那么当在空间中引入新点时，必须仍然使这个点 *P* 对应于同一个整数。那就是康托尔所证明的东西，这依然保持为真。

我们注意到包含在这个简短命题中的复杂意义:空间中点的基数比整数的基数大。

于是,我们不得不作出什么结论呢? 每一个数学定理必须能够加以验证。当我陈述这个定理时,我宣称,我将试图对它进行的所有验证都会成功;即使这些证明之一需要超过一个人的能力的艰辛工作,我断言,如果许多代人——即使需要一百代人——认为着手进行这种验证是恰当的,它将依然会成功。该定理没有其他意义,如果我们在它的陈述中提到无限的数目,那么这将仍为真。但是,由于验证仅能够适用于有限的数目,所以由此可得,每一个关于无限数的定理,或者特别是所谓的无限集,或超限基数,或超限序数等等,只能是陈述有限数目的命题的简明方式。如果它不是这样,这个定理将不是可验证的,而且如果它是不可验证的,它将是无意义的。

由此可得,不可能存在任何关于无限数的明显的公理;无限数的每一个特性无非是有限数的特性的翻译。正是后者,它可以是明显的,而且也许有必要通过把前者与后者进行比较和通过表明翻译是严格的来证明前者。

7. 小结

导致某些逻辑学家的悖论是由这样的事实引起的:他们不能避免某些循环论证。当他们考虑有限的集合时,就发生这种情况,但是当他们对处理无限集合提出要求时,这种情况会更为经常得多地发生。在第一种情况下,他们能够容易地逃出他们落入的陷阱;或者,更严格地讲,他们自己设置了他们选好要落入的陷阱,他们甚至被迫十分小心地不错过这个陷阱;简而言之,在这种情况下,悖论只不过是游戏而已。由无限概念产生出来的悖论是十分不同的;逻辑学家在没有故意设置它的情况下落入其中是经常发生的,即使预先告诫了,他们还是感到不安。

由于不止一个充分的理由,作出解决这些困难的尝试是有趣的,但是这些尝试并不完全令人满意。策默罗先生想构造一个无缺陷的公理系统;可是,这些公理仅仅能够被视为任意的规定,因为有必要证明这些规定不是互相矛盾的,而且进行一次全面大扫除后再没有留下任何作为这样的证明的基础的东西。因此,必须使这些公理是自明的。现在,它们通过什么机制被构造出来?这些被采纳的公理对有限的集合为真;它们不能被推广到所有无限的集合,这种推广只有对它们之中或多或少任意地选择的某个数目才能进行。而且,在我看来,正如我在上面所说的,没有一个关于无限集合的命题能够在直觉上是明显的。

罗素先生比较清楚地认识到要克服的困难的本性。无论如何,他没有完全克服他,因为他的类型谱系假定,序数理论已被阐明。

至于我,我可以提出,我们受下述法则的指导:

1.永远不考虑任何除了能够用有限数目的词定义的对象。

2.永远不忽略这样的事实:每一个关于无限的命题必须是关于有限的命题的翻译和精确陈述。

3.避免非断言的分类和定义。

64　　　迄今提到的所有研究工作者都有共同的特征。他们打算把数学教给还不了解在无限和有限之间存在区别的学生;他们没有很快教给学生这一区别由什么组成;他们在开始不涉及这种区分的情况下教给学生关于无限所能了解的一切。再者,在他们使学生漫游的遥远领域,他们向学生指明隐藏有限数的小角落。

对我来说,这似乎是心理上的虚伪;人类的心智自然不会以这种方式进行,尽管我们可以使我们自己摆脱困境而没有过多的自相矛盾的灾难,可是这种方法却不能不与健全的心理学相对立。

罗素先生无疑将告诉我,它并不是心理学问题,而是逻辑和认识论问题;而我将被导致回答,不存在独立于心理学的逻辑和认识论;表明这种信念也许将结束这场讨论,因为它将使不可弥补的观点分歧变得明显起来。

第五章 数学和逻辑

几年前,我有机会提出了某些关于无限的逻辑的观念,谈论了无限在数学中的作用和自康托尔以来由它所构成的应用。我解释过,我为什么不认为某些推理方法是合理的,而许多著名的数学家却相信它们可以使用。[①] 不用说,我招来了一些尖锐的答辩。这些数学家不相信他们错了;他们坚信他们有权作他们曾经做过的事情。讨论拖了下去,这并不是因为不断地提出了新的论据,而是因为我们继续在同一个圈子里团团转,每个人都重复着他刚刚说过的话,似乎没有听到对手已经说过什么。在每一个场合,我都要就所争论的原理提出新的证据,可以说是为了不致遭到大家反对;但是,这种证据总是相同的,几乎未加修改。因此没有得出结论。假如我说我感到意外的话,那是传达了假象,其实我的心理是亮堂的。

在这些条件下,再次重复同样的论据似乎是不可取的,我可以给这些论据以新的形式,但却基本上不会改变它们,因为在我看来好像是我的对手甚至没有试图去拒绝它们。寻求造成这种截然不同的观点的智力差别的起源似乎是可取的。我刚刚说过,这些不

---

① 参见第四章。——原注

能缩小的分歧并不使我感到惊讶,我从一开始就已经预见到分歧。但是,这并未免除我们寻求解释;在反复经验之后,预见事实是可能的,还被紧紧催逼着要去解释它。

因此,让我们尝试从纯粹客观的观点来研究一下两个对立学派的心理学,就好像我们自己不是这两个学派的成员,就好像我们正在讲述两窝蚂蚁打仗一样。首先,我们将看到,数学家在他们考虑无限的方式方面存在着两种对立的倾向。在一些数学家看来,无限是由有限导出的;无限之所以存在,是因为有无限多可能的有限事物。对另一些数学家来说,无限在有限之前就存在着;有限是从无限切下一小段而得到的。

一个定理必须能够证明,但是由于我们自己是有限的,我们只能够处理有限的对象。这样一来,即使无限的概念在定理的陈述中起作用,但是在证明中必须不涉及它;否则,这种证明将是不可能的。我将引用下面的定理作为一个例子:素数集无界;级数 $\sum 1/n^2$ 是收敛的等等。这些例子中的每一个都能够化为只包含有限数的等式和不等式。这些定理带有无限的特征,并不是因为一种可能的证明本身带有无限的特征,而是因为可能的证明在数目上是无限的。

在陈述定理时,我断言它的所有证明将为真。这被理解为,并非所有的证明全部给出了。还有一些我认为是可能的证明,因为它们大概只需要有限长的时间,但是它们实际上是不可能的,由于它们可能需要多年的工作。我相信,要是我们能够设想一些富有而愚蠢的人(他们足以雇用充分多的帮手)企图完成它,那就好了。但是,作为定理证明的真正目的,它又使这种蠢事变得没有必要。

不能得出任何可验证结论的定理有意义吗？或者,更普遍地讲,任何定理除了与它有关的证明外还有意义吗？这正是数学家有分歧的地方。第一个学派的那些数学家说没有,我将称他们为实用主义者(因为有必要给他们取一个名字);当一个定理在没有给他们以验证它的方法的情况下而引起他们的注意时,他们在其中看到的只是不可理解的冗词赘句。他们愿意考虑的只是能够用有限数目的词定义的对象。在一个论据中,当提到作为满足某些条件的对象 A 时,他们理解满足这些条件的对象,不管用来完成它的定义的词汇可能是什么,尽管这些词在数目上是有限的。

另一个学派的数学家不想承认这一点,我将把他们简称为康托尔主义者。一个人不管他多么健谈,他在他的一生中也不能说十亿以上的词汇。因此,我们将从科学中排除其定义包含十亿零一个词的对象吗？如果我们不排除它们,我们为什么要排除那些只能够用无限数目的词定义的对象呢,这是由于第一类定义的表述像第二类定义的表述一样超越了人类的范围吗？

不难理解,这个论据使实用主义者大为扫兴;不管一个人多么健谈,人类还将更为健谈,因为我们不知道人类将延续多么长的时间,我们不能预先限制人类的研究范围。我们仅仅知道,这个范围将总是有限的;即使我们也许能够确定人类消亡的日期,但是还有其他天体上的智慧生物,能够继续从事在地球上留下的未完成的工作。而且,实用主义者在设想比我们更健谈,而且还保留着某些人性的人类时,他们也许并不疑虑不安;他们不愿就关于在有限长的时间内能够思考无限多词汇的一些无限健谈的神灵的假说进行争论。另一方面,其他人认为,客体与能够谈论或思考它们的任何

人类或任何神灵无关地大量存在着；我们能够在这种贮存中自由
地选择；我们无疑没有足够的欲望或充裕的金钱来购买每一样东
西；但是库存货物却与买主的资财毫不相干。在细节上的所有各
种分歧就起因于这种最初的误解。

让我们以策默罗定理为例，按照该定理，空间能够变换为良序
集。康托尔主义者将被证明的严格、真实或明显所迷住。实用主
义者将回答：

"你说你能把空间变换为良序集。好吧，变换它！"

"那需要花费很长时间。"

"那么，你至少要向我们证明，某个有足够的时间和耐性的人
能完成这种变换。"

"不，我不能证明，因为实行变换的操作数目是无限的；它甚至
比阿列夫零（Aleph-zero）还要多。"

"你能够指出容许空间是良序的定律如何用有限数目的词来
描述吗？"

"不能。"

于是实用主义者得出结论：该定理或者没有意义，或者为假，
或者至少未被证明。

实用主义者采用外延的观点，康托尔主义者采用内涵的观点。
当涉及到一个有限的集合时，这种区分只有对形式逻辑理论家来
说才是有意义的；但是，当涉及到无限的集合时，这种区分对我们
来说似乎具有更深远的意义。如果我们采用外延的观点，那么集
合可以通过新数的相继添加而形成；我们能够把旧对象结合起来
构造新对象，然后用这些新对象构造更新的对象；如果集合是

无限的,正是因为不存在停下来的理由。

另一方面,从内涵的观点来看,我们从其中具有预先存在的对象的集合开始,这些对象乍看起来似乎是没有区别的,但是我们最终能分辨出它们中的几个,因为我们标记了它们,并且把它们排列在抽屉里。但是,对象在标记前就存在着,集合也会存在,即使也许没有把它们进行分类的管理员。

对于康托尔主义者来说,基数的概念没有包含任何秘密。当两个集合能够排列在相同的抽屉时,它们就具有相同的基数;事情不会更容易了,由于两个集合预先存在着,同样可以认为与负有排列对象任务的管理员无关的抽屉内的集合预先存在着。对于实用主义者来说,情况并非如此。集合没有预先存在;它每天都增长着;新对象不断地变得与它有关,如果不涉及预先已经分类的对象概念和它们分类的方式,人们也就不能定义这个集合。每逢一个新的获得物时,管理员都可能被迫打乱抽屉,以便找到一种按适当顺序配置它的方法;两个集合是否能够排列在相同的抽屉内,这将永远不会为人所知,因为总是要担心,打乱它们将是必要的。

例如,实用主义只承认能够用有限数目的词定义的对象;能够用语句描述的可能的定义总是能够用从一到无限的寻常数来计数。根据这种推断,也许只存在可能的单重无限基数,即阿列夫零数。可是,我们为什么说连续统的幂不是整数幂呢?是的,给出我们能够用有限数目的词定义的空间中所有点后,我们就能够想象一个定律,该定律本身能够用有限数目的词来描述,而且能在这些词和整数集之间建立起对应。但是,现在让我们考虑其中包含着这个对应定律概念的语句。不久前,这些语句没有意义,因为这个定律还没有被发明出来,它们不能用来定义空间的点。现在,它们已获得了意义;它们将容许我们定义空间的新点。但是,这些新点将在已经采纳的分类中找不到任何位置,这将迫使我们打乱它。在实用主义看来,当我们说连续统的幂不是整数幂时,我们的意思就是这样。我们意味着,在这两个集之间不可能建立摆脱这类混乱的对应定律;而在涉及直线和平面的例子中,就有可能做到这一点。

69　　　其次,实用主义者没有肯定,是否无论什么集恰当他讲都具有基数;或者,给定两个集,是否总有可能知道,它们是否具有相同的幂,或者一个幂是否比另一个幂大。从而他们被导致怀疑阿列夫(Aleph-one)的存在。

　　分歧的另一个来源起因于构想定义的方式。存在着各类定义;存在着通过近缘的类和不同的种,或者通过合成能够导出的直接定义。

　　让我们附带注意一下,在不能定义特殊的事物,而只能定义整个种的意义上,存在着不完全的定义。它们是合理的,它们甚至是最为频繁使用的定义。但是在实用主义者看来,有必要在其中理解特殊对象的集,这些对象满足该定义,并且最终能够用有限数目的词来定义。因为康托尔主义者的这种限制是人为的,而且没有意义。

　　如果仅存在直接定义,那么纯粹逻辑的重要性就不可能引起争议。于是,无论在什么命题中,都可能用它的定义代替每一个术语。当完成这种代替时,要么该命题不能简化为等同,从而不能是纯粹逻辑证明,要么它能简化为等同,从而只不过是或多或少精巧伪装起来的同义反复。

但是,还有另外一类定义,即用公设来定义。一般地,我们总是知道,被定义的对象属于一个类;但是,当陈述特定的差别成问题时,那就不直接陈述,而借助于被定义的对象必须满足的"公设"来陈述。就这样,数学家能够借助于显方程 $x = f(y)$ 或隐方程 $F(x,y) = 0$ 来定义量 x。

只有当所定义的对象的存在被证明时,用公设定义才有价值。用数学语言来说,这意味着该公设没有隐含矛盾;我们没有权利忽略这个条件。要么必须承认,由于一种信念的作用,无矛盾是直观真理、是公理——可是这样就必须认清我们正在做的事情,铭记我们已经扩大了不可证明的公理的一览表——要不然就必须借助于法则或公设或利用递归推理来构造形式证明。尽管当涉及直接定义时这种证明并非不大必要,但是它一般来说却比较容易。

一些实用主义者可能更为严谨;为了使他们认为定义是合理的,在术语上不导致矛盾是不充分的;按照我在上面试图定义的他们的特殊观点,他们要求定义要有意义。

不管事情可能怎样,在通过公设引入定义后,逻辑将依然是无结果的吗?在给定一个命题后,我们不再能够在其中用定义代替一个术语。我们能够做的一切就是在命题和作为它的定义的公设之间消除这个术语。如果这种操作是按照所谓的逻辑消去法则进行的,那么它就不会导致等同,因为该命题不能借助于纯粹逻辑来证明。如果它导致等同,那正是因为该命题只不过是同义反复而已。我们不需要在我们不久前所作的结论中改变任何东西。

但是,还有第三类定义,这是实用主义者和康托尔主义者之间新误解的起源。这些定义也是通过公设来定义,但是公设在这里是被定义的对象和一个类的所有个别对象之间的关系,被定义的对象本身被假定是这个类中的一个元(或者人们假定它们本身只能够用要被定义的对象来定义的那些对象是这个类的元)。如果我们假定下述两个公设,所发生的情况就是这样。

X(被定义的对象)以这样的方式与类 G 的所有元有关。

X 是 G 的元。

要不然,假定下述三个公设:

X 以这样的方式与类 G 的所有元有关。

γ 以这样的方式与 X 有关。

γ 是 G 的元。

在实用主义者看来,这个定义隐含着循环论证。在不知道类 G 所有元的情况下,从而在不知道这些元之一 X 的情况下,就不可能定义 X。康托尔主义者不承认这一点:类 G 被给定,从而我们知道它的所有元。作为目的,该定义仅仅必须从这些元中区分出一个元,它与它的所有同伙元具有所描述的关系。

"不",他们的反对者回答说:"类的知识不会导致你认识它的所有元;它只不过向你提供了构造所有元的可能性,或者更确切地讲,提供了构造你所希望的那么多的元的可能性。它们将只有在它们被构造之后才存在;也就是说,在它们被定义之后才存在;X

只有借助于它的定义才存在,只有 G 的所有元,尤其是 X 预先已知,它才具有意义。"他们附加道:"说下面的这些话可能是无用的;例如说什么用它对于 X 的关系来定义 X 并不是循环论证;说什么总之这个关系是能够被用来定义 X 的公设;因为必须预先确定,这个公设不隐含矛盾。但是,那不是通常在这种类型的定义中所要做的事情。我们首先证明,无论类 G 可以是什么,假定所有它的元都已知,它也许由于这个类而具有所述的关系;也就是说,这个对象的存在并不导致矛盾。在这里,可能留下来的是要证明,在这个对象的存在和假说之间没有矛盾,这个对象本身是该类的元。"

争论可能会继续一个很长的时间;但是,我乐于强调的观点是,如果容许这类定义,那么逻辑就不再是无结果的了,而且证明就是用预定证明命题的方式来系统表述大量论据,这些命题绝不是同义反复,因为有些人仍拿不准它们是否错了。因此,我们为一个词所能具有的能力而惊奇。在这里,有这样一个对象,在它被命名之前,从它之中连什么东西也不能推导出来;它所需要的一切就是取个名字,这名字创造了奇迹。这如何能够发生呢?因为给它取个名字,我们就已隐含地断言,该对象确实存在着(也就是说,摆脱了所有矛盾),它完全被确定了。但是,在实用主义者看来,我们根本不知道这一点。事实上,使这个证明变得毫无结果的机制是什么呢?那是很简单的;我们假定,被证明的命题为假,我们证明这导致与对象 X 存在的事实相矛盾。只要我们肯定它的存在,而且只要我们知道该对象完全被确定了,这就是合理的。实际上,要是 X 是通过定义从类 G 推出就行了;其次,要是类 G 是通过包括

对象 X 和能够从类 G 中推导出的所有其他元在内而变得完全就行了；如果这样而变得完全的类称为 G'，如果我们把能够通过定义、并且用与 X 从 G 推导出来的同一方式而从 G' 推导出的元称为 X'，那么就必须确信 X' 等同于 X。如果情况并非如此，如果通过假定被证明的命题为假，我们便被引导到两个矛盾的陈述

$$\varphi_1(X)=0, \quad \varphi_2(X)=0$$

72　那么，我们怎样才会知道，在两个陈述中所涉及的是同一个 X 呢？如果 X 包含在一个陈述中，而 X' 包含在另一个陈述中，那么两个命题就可写成

$$\varphi_1(X)=0, \quad \varphi_2(X')=0$$

一般说来，它们不再是矛盾的。

　　为什么实用主义者因此会提出这种异议呢？因为对于他们来说，类 G 似乎只是能够无限增加的集合，无论何时新的元都能形成，它们具有适当的特征。于是，G 从来也不能像康托尔主义者所作的那样不可改变地被安排，从而我们无法肯定，借助于新的附加物它将不变为 G'。

　　我力求尽可能清楚、尽可能公正地解释两个学派数学家的分歧的本质。对我来说，这似乎是我们已经能够领悟出的真正的原因。两个学派的科学家具有对立的思想倾向。我称之为实用主义的那些人是观众论者，而康托尔主义者是实在论者。

　　存在着一种能够证实这种观点的东西。我们看到，正如我所说的，康托尔主义者（让我使用这个方便的术语吧，尽管我在这里不希望谈论步康托尔后尘的数学家，甚至也许不想谈论那些认为他们与康托尔一致的哲学家，而只想谈谈在独立的形式方面具有

同一倾向的人)不断地谈到认识论,即科学的科学。这种认识论完全与心理学无关,这一点已被充分地理解;也就是说,它必须告诉我们,假使没有科学家的话,究竟科学是什么;我们必须研究科学,这当然没有假定不存在科学家,但至少是没有假定存在科学家。于是,不仅自然是独立于试图研究它的物理学家的实在,而且物理学本身也是一种实在,即使没有物理学家,它也存在着。事实上,这就是实在论。

实用主义者为什么不肯容许不能用有限数目的词来定义的对象呢?这是因为他们认为,对象只有在它能用心智构想时才存在,对象不能用独立于有能力思考的人的心智来构想。实际上,在这里存在着观念论。既然有理性的主体是人,或者是类似于人的某种生物,因而是有限的存在,所以无限除了有创造我们所希望的那么多的有限对象的可能性外,它没有别的意义。

这样,我们可以作出某种特殊的评论。实在论者通常采取物理学家的观点。他们断言物质对象、或个体灵魂、或他们所谓的实物的独立存在。在他们看来,世界在人创生之前就存在着,甚至在生物创生之前就存在着;即便没有上帝,或没有任何理性生物,世界还会存在。这是常识的观点,只有通过沉思我们才能抛弃它。物理实在论的支持者一般说来都是有限论者。至于谈到康德的二律背反问题,他们对该论题亦步亦趋;他们相信世界是有限的。例如,这是伊夫琳(Evellin)先生的观点。另一方面,观念论者并没有同样的顾忌,他们已充分准备好赞同对立的观点。

可是,康托尔主义者是实在论者,甚至在涉及到数学实体的地方也是如此。在他们看来,这些实体似乎具有独立的存在;几何学家并没有创造它们，他只是发现它们。因此，这些对象可以说在没有现存的情况下就存在着，因为它们能够归结为纯粹的本质。但是，由于这些对象就其本性而言在数目上是无限的，因此数学实在论的支持者与观念论者相比，他们是更大程度的无限论者。在他们看来，无限由于在发现它的心智之前就存在着，因而它不再是生成（becoming）。不管他们承认还是否认无限，他们必须因此而相信实无限。

我们在这里辨认出柏拉图（Plato）的理念论；看到把柏拉图归入实在论者之中可能似乎是奇怪的。不过，没有任何学说比柏拉图主义更强烈地与当代观念论相对抗了，尽管这种学说也远离物理实在论。

我从未见到有比埃尔米特（Hermite）更为实在论的数学家（在柏拉图的意义上的实在论），我还必须承认，我从来也没有遇见一个比他更反对康托尔主义的人。在这里，似乎存在着表面上的矛盾，之所以更加如此，是由于他乐意重复说："我之所以是一个反康托尔主义者，因为我是实在论者。"他因创造对象而不是满足于发现它们而责备康托尔。毋庸置疑，由于他的宗教信念，他认为，希望毫无困难地深入到只有上帝才能够理解的领域，而不等待上帝向我们一个接一个地揭示它的秘密，这是大逆不敬的行为。他把数学科学和自然科学加以比较。在他看来，博物学家企图猜测上帝的秘密，而不通过经验来了解，这对神圣的上帝不仅是放肆的，而且是无礼的。在他看来，康托尔主义者似乎想要以同样的方式在数学中行动。这就是为什么他在实践上是观念论者，而在理论上是实在论者。存在着一个已知的实在，它在我们的外部，不依

赖于我们;但是,我们关于它所能知道的一切都依赖于我们,于是 74
这一切只不过是生成,是一种相继获得的层次。其余的东西是实
在的,却是永远不可知的。

无论如何,埃尔米特的情况是一个孤立的例子,我不希望进一
步停留在它上面。不论何时,在哲学中总是存在着对立的倾向,这
些倾向似乎并没有处于和解的边缘。毫无疑问,这是因为存在着
不同的心灵,我们不能改变这些心灵中的任何东西。因此,没有希
望看到在实用主义者和康托尔主义者之间建立起和谐。人们没有
取得一致,因为他们讲的不是同一种语言,有的只是彼此都不能学
会的语言。

然而,在数学中,人们通常可以彼此了解;但是,这恰恰是由于
我已经称之为证明的东西。这些证明在没有上诉的情况下就宣布
判决。在它们面前,整个世界都得屈从。但是,不管在什么地方,
如果缺乏这些证明,数学家就一点也不比头脑简单的哲学家高明。
当必须了解一个定理在无法证明的情况下能否具有意义时,由于
根据定义我们不允许我们自己去证明它,谁能够判断它能否有意
义呢? 除了因矛盾而使对手走投无路外,不会有其他办法。但是,
人们已经尝试做了实验,却未获成功。

许多二律背反都被指出来了,不一致依然存在;没有一个人被
说服。总有可能通过改变论据使自己摆脱矛盾;我指的是通过区
别。

第六章　量子论

　　人们可能想知道，力学是否处于新动荡的前夜。来自不同国家的大约二十位物理学家的会议最近在布鲁塞尔召开了，他们时刻都能听到有关那种与旧力学大相径庭的新力学的谈论。那么，什么是旧力学呢？它是在十九世纪结束时依然毫无疑义处于统治地位的牛顿力学吗？不，它是洛伦兹（Lorentz）的力学，这种力学处理的是相对性原理，几乎在五年前，它似乎是最为大胆的。

　　这意味着这种洛伦兹力学只有一个短暂的命运吗？这意味着它仅仅是异想天开吗？这意味着我们要恢复我们已经轻率地抛弃了的古老的偶像吗？一点也不是。昨天的成果没有受到危害。在所有不同于牛顿力学的事例中，洛伦兹的力学仍然有效。我们依然相信，从来也没有一个运动着的物体能够超过光速；一个物体的质量不是常数，而取决于它的速度和这个速度与作用在它上面的力所夹的角度；从来也没有实验能够确定，一个物体相对于绝对空间、甚或相对于以太是处于静止呢还是处于绝对运动。

　　然而，我们希望愈来愈多的使人仓皇失措的打击加进这些勇敢的打击中去。我们现在怀疑，是否不仅动力学的微分方程必须被修正，而且运动定律是否还能够借助于微分方程来描述。自牛顿以来，自然哲学所经历的最引人注目的革命可能就在其中。牛顿这位杰出的天才已经看到（或者认为他看到了，我们开始感到惊讶），运动系统中的状态，或者更一般他讲，宇宙的状态只取决于它紧挨着的前一个状态；自然界中的所有变化必然能够以连续的方式发生。当然，他不是发明这种观念的人；在古人和经院哲学家的思想中已有这种观念，他们宣布了这样一个格言：自然界无飞跃；但是，它却在那里受到妨碍它发展的茂密的野草的压抑，十七世纪的大哲学家最终清除了这些野草。

好了，正是这种基本的观念今天成为所讨论的问题。现在有人问，是否有必要把不连续性引入自然定律，不连续性不是表观的定律，而是本质的定律；我们首先必须说明，这样一个非同寻常的观点可以成立。

1. 热力学和概率

让我们谈谈气体分子运动论。气体是由分子构成的，分子以很大的速度在所有方向运动。如果分子没有不时地与其他分子相碰撞，或者分子没有撞击容器壁，那么它们的轨迹是直线的。这些碰撞的偶然性最终建立了速度的某种平均分布，不管我们考虑的是速度的方向还是速度的大小。无论何时这种平均分布被扰动，它仍趋向于重新建立；于是，不管运动的无法解决的复杂性，只能够辨认平均值的观察者仅仅注意到十分简单的定律，该定律是概率和大数起作用的结果。他观察到统计平衡。例如，正是如此，速度在每一个方向上将同样地分布；因为如果它们在某一时刻不这样分布，如果它们倾向于采取共同的方向，那么在一个十分短暂的时间结束时,碰撞会使它们失去这个共同的方向。

计算导致了另一个结果,每一个分子产生的平均动能正比于它的自由度的数目。需要说明一个物体能够呈现某一数目的十分微小和不同的运动的理由。例如,一个质点能够沿三个轴运动:它具有三个自由度。一个球能够平行于三个轴中的每一个而作平动,或者它还绕这三个轴转动。它具有六个自由度。但是,分子不是简单的质点;它容易形变;因此它将具有许多自由度。例如,氩分子有三个自由度,氧分子有五个自由度。于是,按照我们描述的、被称之为能量均分原理的规律,如果根据统计平衡,那么氩分子在某一温度下具有三个单位的动能,氧分子必然具有五个单位的动能。换句话说,在体积不变时,氩和氧的分子比热必然分别是三比五。

经过正确的解释,这个规律不仅仅对气体是真实的;事实上,它来自真正的形式,该形式已被归因于动力学方程,并且是按照哈密顿(Hamilton)的形式。如果动力学的一般定律能够用于液体和固体,那么在细节上作必要的修正后,这些物体必然服从能量均分原理。

卡诺(Carnot)原理,或热力学第二定律告诉我们,世界正在趋向于最终的状态,届时它将再也不能偏离这个状态。因此,该原理告诉我们,统计平衡是可能的。如果不是这样,那么总可以找到某些明智的权宜之计,容许我们完成所谓的第二类永恒运动,例如用冰去加热蒸汽机,这是利用这样的事实,即冰尽管可能很冷,实际上也不会处于绝对零度,因此总是包含着一定的热量。如果当两个物体 A 和 B,或 B 和 C,最后或 C 和 A 相对放置时,统计平衡规律不同，那么不断地把这些物体中的头两个，接着把其他两个放得更近一些，便能够很容易地改变这种平衡的条件。从而，这些物体永远也不会达到完全静止，不存在任何真正的统计平衡。卡诺原理便不正确了。

无论互相对置的物体是什么，根据什么奇异的一致，这种平衡的条件总是相同的吗？前面的评论使之十分清楚。这正是因为用哈密顿微分方程表示的动力学的一般规律适用于所有物体。

直到现在，这些观念总是被实验证实，今天的证据多到足以不能把它们归因于机遇。因此，有必要使该理论更有综合性，以便容许它包括新事实，即使新实验揭示出例外，那也不是抛弃它，而是修正它。

甚至从第一天起，并非某种异议根本不会出现，分子、原子本身不是质点，如果它们具有维度，可以容许把它们比之为绝对刚体吗？再者，氩分子无论多么简单，它也不会是数学点；它是一个球。这个球为什么不能旋转呢？假使它旋转，这将导致六个自由度，而不是三个自由度*。除非假定，能够改变分子平动的碰撞对于它的转动绝对没有影响，碰撞不能使这种分子受到最小的变形，等等。此外，每一条光谱线对应于一个自由度。没有必要说，氧的光谱是由五条以上的线组成的。为什么某些自由度似乎不起作用呢？只要没有不可思议的情况介入，它们为什么变僵（可以这么说）了呢？

78

---

* 说比热不因氩有六个自由度、氧有十个自由度而变化，并不会得到什么。按照建立在维里定理（theorem of the virial）基础上的气体分子运动论，的确是三个自由度而不是六个自由度。——原注

2. 辐射定律

起初,这些困难并没有引起物理学家的注意,但是两个新事实改变了事情的面貌。其一是所谓的黑体辐射定律。完全的黑体是其吸收系数等于 1 的黑体;类似的物体加热到白炽发出各种波长的光,这种光的强度作为温度和波长的函数依照某种规律变化。直接观察是不可能的,因为没有什么物体是理想黑体,但是却存在着克服这种困难的方法。我们可以把白炽体放到一个完全密封的空腔中;白炽体发出的光不能逃逸,而经历一系列的反射,直到完全被空腔吸收。当达到平衡状态时,空腔的温度变得均匀,空腔被服从黑体辐射定律的辐射充满。

很清楚,这是统计平衡的例子,能量交换发生着,直到在一个短暂的时间间隔内,系统的每一部分平均得到的能量严格地等于它失去了的能量。但是,这正是困难开始的地方。在空腔内包含的物质分子尽管为数众多,但在数目上毕竟还是有限的,而且它们只有有限的自由度数。另一方面,以太具有无限的数目,因为它能够以对应于不同波长的无限数目的方式振动,空腔以这样的波长处于共振。假使能量均分原理能够应用,那么以太因而应当吸收所有的能量,一点也不留给物质。

通过把关系强加于以太,例如可以使以太不具有传播太短的波长的能力来限制它的自由度,也许是可能的。于是,刚才指出的矛盾可以避免,但是为了不使之荒谬,还应当得出一个定律,该定律却再次与实验相矛盾。这就是瑞利(Rayleigh)定律,根据瑞利定律,对于给定的波长,辐射能量应正比于绝对温度,对于给定的温度,辐射能量应与波长的四次方成反比。

被实验证明了的真实定律是普朗克定律。按照能量均分原理,对于短波长或低温度,辐射远比瑞利定律要求的要小。

第二个事实来源于在液态空气或液态氢的极低温度下固体比热的测量。可以觉察到,这些比热远不是常数,它们在接近绝对零度时急剧地减小,犹如相互抵消一样。所发生的一切就好像分子在冷却的过程中丧失了自由度一样,就好像它们的几个化学键因冷冻而消灭了。

3. 能量子

解释这种现象必须设法不抛弃热力学原理。首先必须容许统计平衡的可能性,没有这种平衡,就不会给卡诺原理留下什么。在热力学中,在一切没有崩溃的情况下,不容许有什么缺口。金斯(Jeans)先生曾经设想,通过假定我们观察到的东西不是确定的统计平衡,而是一种暂时的平衡,来使有关的一切一致起来。接受这种观点是困难的。他的没有预期什么东西的理论虽然未与实验发生矛盾,但也没有解释所有已知的规律,它避免了矛盾,它似乎只不过是交了好运而已。

普朗克(Planck)先生寻求对他已经发现的规律进行另外的解释。在他看来,这是真实平衡的问题,如果它不符合能量均分原理,那是因为哈密顿方程不是严格的。为了得到经验定律,有必要把十分惊人的修正引入这些方程。我们必须怎样想象辐射体呢?

我们知道,赫兹(Hertz)谐振子向以太发出赫兹波,这种波不外是光波;因此,白炽物体被认为是包含着大量的小谐振子。当该物体变热后,这些谐振子获得了能量,开始振动并从而辐射热。

普朗克先生的假说在于假定,这些谐振子的每一个只能够通过突然的跳跃获得或失去能量,以致振子具有的能量必须总是称之为"量子"的同一常量的整倍数,它必须由整数个量子组成。对于所有的谐振子而言,这个不可分的单位、这个量子不是相同的;它与波长成反比,以致短周期的谐振子只能大块地吞吐能量,而长周期的谐振子只能小口地吸收或发射能量。可是,结果如何呢?要扰动一个短周期的谐振子需要费许多力气,由于至少需要等于它的量子的能量,而它的量子是很大的。因此,这些谐振子依然处于静止的机会很多,尤其是温度低时,正是由于这个缘由,在黑体辐射中,短波长的光将相对地少得多。

这个假说完满地解释了事实,只要我们容许谐振子能量和它的辐射之间的关系与在旧理论中的相同就可以了。其中存在着一个主要的困难。当其他一切都被摧毁了的时候,我们为什么要拯救这个关系呢?可是,我们必须拯救某种东西,否则我们就不会有可供建筑的基础了。

比热的减小能够用同样的方式来解释:当温度下降时,极大量的振子低于它们的量子,它们不是在轻微地振动,而是根本不再振动,以至于总能量下降得比前面理论中的还要快。这仅仅是定性的观点,但是,为了获得充分的定量一致,没有必要作过多的变化。

4. 前述假说的讨论

只有在谐振子之间存在能量交换,统计平衡才能够建立起来,没有这种交换,每一个谐振子都会无限期地保持它的初始能量;这个能量是任意的,因而最终的分布也不会服从任何定律。如果谐振子是定立的、被封闭在一个静止的空腔,那么这种交换便不能通过辐射发生。实事上,每一个谐振子只能够发射或吸收一定波长的光,因此它只能够向同一周期的谐振子放出能量。

倘若我们假定,空腔能够变形或者包含运动着的物体,那么上述情况就不再正确了。事实上,当光在运动着的镜面上反射时,由于众所周知的多普勒(Döppler)-斐索(Fizeau)原理,光改变了它的波长。这里是通过辐射而进行交换的第一种方法。 81

还存在着第二种方法;谐振子能够以力学方式相互作用,它们或者是直接作用,甚或是通过运动的原子和从一个原子转移到另一个原子并与原子碰撞的电子为媒介而作用。这就是通过碰撞进行交换。正是这种我最近已经研究过的交换,重新发现和确证了普朗克先生的结果。

正如我上面已经解释过的,所有的能量交换方法必然导致相同的统计平衡条件,没有这些条件,卡诺原理便是贫乏的。为了解释经验,这是必要的,但是下述事情也是必要的:我们能够给这种惊人的一致以满意的解释,我们不必强使把它归因于某种幸运的机遇。在旧力学中,这种解释是尽人皆知的:它是哈密顿方程的普适性。我们在这里将会发现某些类似的东西吗?

　　我还没有充分研究通过辐射而引起的交换，我也不知道，这类交换所产生的所有平衡条件是否都是已知的。如果新平衡被发现，给我们造成某些困难，我也不会感到惊讶。

　　现在，存在着维恩（Wien）先生所揭示出的平衡。这就是所谓的维恩定律，按照这个定律，辐射能量与波长五次方之积仅仅依赖于温度乘以波长。

　　可以立即看到，为了使这个维恩定律与碰撞交换引起的统计平衡一致，在这种碰撞交换中，必须使能量只能够以与波长成反比的量子来变化。这就是谐振子的力学性质，这种性质显然与多普勒-斐索原理毫不相干，它不能通过赋予这些谐振子以唯一的、能够是合适的力学性质这种神秘而先定的和谐来充分地加以理解。如果统计平衡是不可变的，它就不再作为唯一的、普遍的理由；它是由于一些多重的和独立的情况的组合。

　　在普朗克先生的说明方法中，交换方法的这种两重性没有显示出来，而只不过是隐蔽的而已；我认为唤起对这一事实的注意是必要的。

　　这并不是唯一的困难。谐振子只能以它的量子的整倍数把能量传递给另一个谐振子；后者只能以它自己的量子的整倍数接受能量。由于这两个量子一般是不可通约的，这就足以排除直接交换的可能性。但是，交换能够通过原子介质发生，如果我们假定这些原子的能量能够以连续的方式变化的话。

　　这并不是最严重的困难。谐振子必须突然地失去或获得每一个量子，或者确切地讲，它们必须得到它们的整个量子或根本什么也得不到。不管是获得量子还是失去量子，它们还需要一定的时

间;根据干涉现象,情况必然如此。同一谐振子在不同时刻发出的
两个量子不能够相互干涉。事实上,两次发射应该被看作是两个
独立的现象,不存在它们分开的时间间隔是常数的理由。这甚至
是不可能的;这个间隔在光弱的情况下比在光强的情况下大;除非
假定间隔是常数,每次发射能够由几种量子组成,并且强度取决于
同时发射的量子数。可是,这种情况也不会发生。为了与干涉的
观察资料一致,该间隔相对于周期而言必然很小;量子的数值来源
于普朗克公式本身。因此,存在着一个极小的可能光强度,小于这
个极小值的光发射被观察到了。

因此,每一个量子实际上都与其自身干涉;从而,量子一旦取
以太的发光振动面貌,就必须把它本身分成几部分;在几种波长的
情况下,某些部分应该滞后于其他部分,从而它们不应该同时发
射。

在这里似乎有一个矛盾:可是,它并非不可解决。让我们设想
一个由一定数目的、完全等同的赫兹激磁机构成的系统。它们中
的每一个都通过电源使之充电,只要它的电荷达到一定值,就产生
电火花,并开始发射,此后没有什么东西能使它停止,直到激磁机
放完电为止。因此,它必须失去它的整个量子或者什么也不失去
(在这种情况下,量子是相应于爆发势的能量)。但是,这种量子并
非突然地失去;每次发射都持续一定的时间,发射出的波易受正常
干涉的影响。

普朗克先生假定,谐振子的能量和它的辐射之间的关系与在
麦克斯韦电动力学中的相同。我们应当抛弃这个假说,并且假定
机械碰撞按照前面的规律发生。于是,谐振子间的能量分布会按

照能量均分原理出现,但是短周期的谐振子几乎不以相等的能量辐射。这时,解释辐射定律是可以的,但是这却不能解释低温下比热的反常,除非我们承认,碰撞交换对于极冷的固体不再可能,除了以十分近似的辐射进行交换而外,它们的分子不再交换热量。

假定从未有任何碰撞,一切所谓的机械力都来源于电磁,这有可能使我们向前迈出一步。于是,有必要仅仅保持辐射交换的方法,把它作为多普勒-斐索原理的结果。这样一来,我们也许要导致出与量子假说大相径庭的假说。

5. 作用量子

新观念在某一方面是迷人的。现在一段时间,潮流有利于原子论。物质似乎是由不可分的原子构成的;电不再是连续的;它不再无限可分;它是由具有同一电荷、全部类似的电子构成的。现在一段时间,我们已有磁子或磁原子。根据这一估计,量子似乎是能量原子(atoms of energy)。不幸的是,不能把比较推向最终的结论。例如,氢原子确实是不变的;它总是保持相同的质量,不管它可能是什么化合物的成分。同样地,电子经过多种多样的变化,依然保持它们的个性。这种所谓的能量原子是同样真实的吗? 例如,在一个谐振子上有三个能量量子,其波长是3;这个能量传到第二个谐振子,其波长是5。因此,它不再表示三个量子,而是五个量子,这是由于新谐振子的量子较小;并且由于在转移中原子的数目和每一个原子的大小变化了。

这就是为什么该理论还不能满足我们愿望的理由。而且,有

必要解释,为什么谐振子的量子与波长成反比。这就是引起普朗
克先生修正提出他的观念的方法的原因。但是,在这方面,我却有
点困惑。我既不想过分扩张普朗克先生的观念、走得比他想走的
更远,从而背叛普朗克先生,也不忘记表明,对我来说,他在那里似
乎是引导着我们前进。因此,我将首先尽可能正确他说明他的题
目,同时在某些方面加以节略。我首先回想起,热力学平衡的研究
已被归结为统计学问题和概率问题。"连续变量的概率可通过考
虑等概率的独立的基元域而获得……在经典动力学中,为了找到
这些基元域,要利用肯定两个物理状态(在这两个物理状态中,一
个状态是另一个状态的必然结果)同样是可几的定理。在一个物
理系统中,如果一个广义坐标用 q 来表示,而相应的动量用 p 来表
示,根据刘维尔(Liouville)定理,在无论任何时刻,所取的域 $\iint dp \cdot dq$ 是一个对时间而言的不变量,如果 q 和 p 依照哈密顿方程变化
的话。而且,在一个给定的时刻,p 和 q 能够取彼此独立的所有可
能的值。由此可得,概率的基元域 $dpdq$ 的大小是无限小。新假
说必须把限制 p 和 q 的可变性作为它的目标,限制的方式是这样
的:除跳跃外,这些变量不再变化,或者它们被认为相互之间部分
地联系在一起。这样一来,我们成功地简化了概率的基元域的数
目,以至于它们每一个的范围增大了。作用量子的假说在于假定,
这些彼此相等的域不再是无限小,而是有限的,并且对于它们的每
一个来说,

$$\iint dpdq = h,$$

h 是常数。"

　　我认为,用几个解释结束这段引文是必要的。在这里,我不能

解释作用是什么，不能解释广义坐标和广义动量，也不能解释普朗
85 克先生使用的各种积分。我将仅限于说，能量元等于频率与作用
元之积；正如我们已经说过的，如果能量子正比于频率，那正是因
为作用量子是普适常数，是真实的原子。

　　但是我必须试图阐明，概率的基元域意味着什么。这些域是
不可分的；也就是说，只要我们认识到我们处于这些域的某一个
中，从而便能够确定一切；另一方面，如果接着要来的事件并未作
为这个事实的结果而被充分认识，如果它们要按照我们碰巧所在
的域的那一部分而有所差异，那么从概率的观点来看，这个域是不
可分的，因为某些未来事件的几率在它的各个部分不会相同。

　　这相当于说，对应于同一个域的系统的所有事件在它们自身
之间不能区分；它们构成了同一个状态，从而我们得出下述陈述，
这个陈述比普朗克先生的陈述更为精确，而且我相信，并不违背他
的观念。

　　一个物理系统只能够有有限数目的独特状态，它从这些状态
中的一个跃迁到另一个时，无须通过中间状态的连续系列。

　　为了简化这个问题，让我们假定，该系统的状态仅仅取决于三
个参数，这样我们在几何学上就可能用空间的点来描述它。因此，
表象各种可能的状态的点集将不像我们通常假定的那样，不是整
个空间，或者这个空间的区域。它将是为数极多的散布在空间中
的孤立的点。确实，这些点十分密集，以至于给我们以连续的假
象。

　　所有这些状态必须被视为有同样的概率。事实上，如果我们
接受决定论的概念，那么这些状态中的每一个必然被另一个状态

紧随着,严格地讲是可几地紧随着,因为可以肯定,第一个状态传给了第二个状态。从而我们会逐渐地看到,如果我们从某一初始状态出发,我们在某一天所达到的全部状态都同样是可几的;其他状态不必被看作是可能的状态。

但是,我们表象的孤立的点一定不以任何方式分布在空间。它们必须这样分布,以致当用我们未经训练的感官去观察它们时,我们可以相信通常的动力学定律,例如哈密顿的那些原理。比较也许有助于使我本人变得清楚一些,这种比较比表面看来的情况更接近于实在。我们观察一种液体,我们的感觉起初使我们相信,这是连续的物质。更精密的实验告诉我们,这种液体不易压缩,以致物质任何部分的体积总是不变的。于是,各种各样的理由使我们认为,这种液体是由很小、很多、但却是分立的分子组成的。无论如何,在没有对我们的想象加上某些限制的情况下,我们将不再能够想象这些分子的分布。因为不可压缩性的缘故,所以有必要假定,两个小的相等的体积包括着相同数目的分子。至于可能状态的分布,普朗克先生发现他本人处于类似的限制下,这就是他用方程所表示的东西,我在上面已经引用了这个方程,在这一点上我不能作进一步的解释。

确实,设想混合的假说也许是可能的。让我们再次假定,物理系统仅依赖于三个参数,它的状态能够用空间的点来描述。表象可能状态的点集既不能是空间的一个区域,也不能是一组孤立的点。它能够由相互隔开的大量的小曲面或小曲线构成。例如,要么该系统的一个质点只能描绘出某些轨道;可是,除了它在邻近点的影响下从一个轨道跃迁到另一个轨道而外,却是以连续的方式描绘轨道的——在我们上面所讲的谐振子的例子中,情况可能就是如此;要么有质物质(ponderable matter)的状态以不连续的方式变化,它只具有有限数目的可能态,相反地,以太的状态却以连续的方式变化。在所有这些当中,没有东西是与普朗克先生的观念不相容的。

但是,毋庸置疑,第一种解决办法将更受欢迎,这种解决办法摆脱了所有这些离奇古怪的假说;可是,必须考虑这种作法留下的后果。我们所说的东西应当适合于任何孤立的系统,甚至适合于宇宙。因此,宇宙会突然地从一个状态跃迁到另一个状态;但是在间歇期间,它依然是不动的。宇宙保持同一状态的各个瞬时不再能够相互区分开来。因此,这将导致时间的不连续变化,即时间原子(atom of time)。

6. 普朗克的新理论

让我们再次涉及一下不怎么普遍但却比较精确的问题,例如涉及一下辐射理论。普朗克先生想要修正他最初的理论,我乐于就此说几句话。按照他的新设想,光发射以量子形式突然地发生,但吸收却是连续的。他希望由此摆脱随之而来的困难,我不知道这到底是为什么,在涉及吸收的范围内,似乎更令他感到困惑。光以连续的形式撞击每一个谐振子。如果谐振子每次只能吸收一个量子,那么能量必须积累在类似于谐振子的接待室内,直到足够时才进入。在第二种理论中,这种困难消失了,但是对于失去的能量而言,总是需要一个接待室,因为以太只能以无限小的部分传播能量。

在新理论中,谐振子即使在绝对零度依然保持残余的能量。如果我们采纳普朗克先生的新观点,那就必然要修正辐射体能量和它的辐射强度之间的关系。这种辐射不再正比于能量,而仅仅正比于这个能量超过在绝对零度时还保留的残余的额外部分。

我必须承认我完全不满意这个新假说吗?普朗克先生只谈到发射和吸收,并把它们说成好像谐振子是定立的一样;他没有提及碰撞引起的能量交换,也没有提到多普勒-斐索效应。在这些条件下,因而不可能存在趋向于最终状态的趋势。这就是我上面说过的东西。因此,试图使我们了解最终状态的证据只不过是错觉而已。这位作者没有说,碰撞引起的交换像吸收一样是连续的呢,还是像发射一样是不连续的呢。当我们希望应用碰撞交换的普遍理论时,已不再能得到普朗克先生的结果了。因此,坚持他最初的观点是比较合适的。

7. 索末菲先生的观点

索末菲(Sommerfeld)先生提出了一种理论,他希望把这种理论与普朗克先生的理论联系起来,尽管它们之间的唯一联系是两人的公式中都有字母 h,而同一名称"作用量子"却给予了这个字母所表示的两个截然不同的对象。

我们已经知道复杂物体的碰撞规律,并把它们用于实验,而电子的碰撞根本不遵循这些规律。当电子碰到障碍物时,它的速度越大,就越能更为迅速地停顿下来。(如果这个规律可用于列车,那么制动问题会显示出新的优越性。）这适用于 X 射线的产生。阴极射线是运动着的电子，这些电子由于和阳极碰撞而停顿下来。这种突然的停顿扰动了以太，以太的振动产生出 X 射线。索末菲先生的理论解释了 X 射线为什么具有更大的贯穿性，更"强有力"，比阴极射线的速度大。事实上，这种速度愈大，停顿得愈迅速，其结果以太的扰动就愈强烈，持续时间愈短。

8. 结 论

我们看到，该问题的状况是：以前的理论迄今似乎解释了所有已知的现象，当前却遇到了未曾料到的障碍。它看来有修正的必要。普朗克先生首先构想出一种假说，但是它好像太离奇了，以至于我们试图寻求各种摆脱它的方法。到现在，人们徒劳地寻求这些方法。由于我们思想的惰性抗拒改变它的习惯，这并未阻止来源于这种新理论的困难，许多困难都是真实的，而不是简单的假象。

暂时还不可能预见最终的结果将是什么。我们将会发现另外的、完全不同的解释吗？或者相反，新理论的坚决支持者将会成功地撇开那些阻碍我们毫无保留地采纳它的障碍吗？间断性将支配物理世界吗？它的成功确定无疑了吗？否则，我们将要承认这种间断性只不过是表观的，而一系列的连续过程却被掩盖起来了吗？看到碰撞的第一个人认为，他观察到了不连续的现象，我们今天知道，他只不过是看到了速度极大的、但却是连续变化的效应。为了寻求对这些问题作出评价的那一天，还需要耗费人们的笔墨。

第七章　物质和以太之间的关系[①]

当亚伯拉罕(Abraham)先生请求我为结束法国物理学会所组织的一系列讲演讲几句话时,我起初想加以谢绝;在我看来,似乎每一个课题都充分讨论了,我不能对已经很好讲述过的东西再添加些什么了。我只能尝试概括一下似乎是从这些研究的集合中流露出的印象,这种印象是如此明晰,以至于你们中的每一个人以及我都必然已经体验到了,我无法用几句话把它描述得更为清晰。但是,亚伯拉罕先生彬彬有礼地坚持要我讲话,我尽管感到为难,最后还是顺从了他的请求,最大的不便之处是要重复你们每个人长期思考过的东西,至于要涉及大量我没有时间详细地从事的不同课题,还是微不足道的困难。

所有的听众必然想到过一个重要的观念。原先的力学假说和原子理论近来已被认为具有充分的可靠性,它们不再作为假说出现在我们面前了。原子不再是一种方便的虚构了;似乎可以说,我们能够看到原子,因为我们知道如何去计算原子。当假说解释新事实时,它就成形了,变得更可信了。但这会以多种方式出现。它往往会变得范围更大一些,以便说明新事实;但是,当它变得更广

_____

① 1912 年 4 月 11 日在法国物理学会所作的讲演。——原注

泛时,它有时也要在精确性方面有所丧失;有时,必须把似乎与它一致的辅助假说嫁接在它之上,这个辅助假说与被嫁接的砧木不会过多地出现不协调,不过还与砧木有某些不相容之处,还是某种用关于要达到的目标的明确观点构想出来的东西———一句话,是附加的点缀。在这种情况下,我们不能说经验已经证实了原来的假说,最多只能说经验与它不矛盾。或者还可以说,在新事实和原来为之构想出该假说的旧事实之间存在着密切的联系,存在着这样一种性质:任何解释新事实的假说必须在实际上能解释旧事实,以至于所证实的事实只不过在表面上看来是新的。

当经验揭示出能够预期的和由于偶然性而不能预期的一致时,尤其是当涉及着数量上的一致时,同一问题就不是这样的情况了。现在,这类一致最近已证实了原子论概念。

可以说,气体分子运动论已经得到意想不到的支持。新来者严格地以它为模型;这些新来者一方面是溶液理论;另一方面是金属电子论。溶质分子以及使金属具有导电性的自由电子,其行为犹如包含在封闭空间中的气体分子。这种对应是完善的,甚至能够追踪到数量上的一致。在这方面,可疑的东西变成或然的;如果这三种理论中的每一个是孤立的,那么它似乎只可能是一个有天才的假说,为此它可以代替其他几乎是合理的解释。然而,在这三种情况的每一个中,尽管不同的解释似乎是必要的,但是观察到[三者]的一致不能再归因于不能允许的偶然性,因为三种分子运动论使这些一致成为必然的了。此外,溶液理论十分自然地把我们引向布朗运动理论,在这种理论中,不能认为热扰动是想象的虚构,因为能够在显微镜下直接看到它。

佩兰(Perrin)先生出色地测定了计算出来的原子的数目,使原子论大获全胜。使它变得更为可信的是通过完全不同的方法所得到的结果之间的多方面的一致。不久前,只要由此推出的数目包含着相同的位数,我们就认为我们自己是幸运的了。我们甚至不要求第一位有效数字是相同的;第一位数字现在已被确定了;最突出的是已经考察了原子的多种多样的性质。在从布朗运动所推出的方法中,或者在引起辐射定律的方法中,直接计算的不是原子,而是自由度。在我们研究天空的蓝色这一工作中,原子的力学性质不再起作用了;它们被认为是光学不连续性的结果。最后,当研究射气时,它是所计算的抛射粒子的发射。我们已经达到这样一点:如果有任何的不一致,我们不会为如何解释它们而感到困惑;然而,幸运的是,不存在任何不一致。 91

化学家的原子现在是一种实在了;但是,这并不意味着,我们正在达到物质的终极要素。当德谟克利特(Democritus)发明原子时,他认为原子是绝对不可分的元素,超过这一界限,就什么也找不到了。这是希腊人的意思;正由于这个缘由,他毕竟发明了原子。在原子背面,他没有想到更多的奥秘。因此,化学家的原子并不会使他满意;因为这种原子绝不是不可分的;它实际上不是一种[不可分的]元素;它隐藏着奥秘;这种原子是一个世界。德谟克利特也许想尽力去发现它,我们却没有比当初更进一步。这些哲学家从未得到满意的结果。

由于物理学中的每一个新发现都揭示出原子的新的复杂性,这就是坚持原子复杂性的第二点考虑。首先,被认为是简单的物体,而且其行为在许多方面与简单物体完全一样的物体,还能够分裂成更简单的物体。原子分裂为更小的原子。所谓放射性,只不过是原子持续不断的分裂。这时常被称之为元素嬗变,这种说法不十分严格,因为一种元素实际上没有转化为另一种元素,而是分裂为几种其他元素。这种分解的产物还是化学原子,它们在许多方面类似于复杂原子,它们是复杂原子在分裂过程中产生出来的,因此这种现象恰恰可以像最普通的化学反应那样用化学方程式来表示,大多数保守的化学家都能接受它,而不会有过多的犹豫。

这并非问题的全部。在原子中,我们发现了许多其他东西:首先,我们在原子中发现了电子。因此,每一个原子似乎都是某种类似于太阳系的东西,在这种太阳系中,起行星作用的小负电子被吸引到起太阳作用的大正电子的周围。正是带有相反电荷的这些电子的相互吸引维持该系统的结合并使它成为一个整体。正是这种引力,使行星的周期具有规则性,正是这些周期,决定原子发出的光的波长。正是由于这些电子运动所产生的运流的自感,才使由电子构成的原子具有它的表观惯性,我们称其为它的质量。除了这些被束缚的电子以外,还有自由电子,这些自由电子服从与气体分子相同的运动学规律,它们使金属成为导体。这些自由电子可以和彗星相比,彗星从一个恒星系统运动到另一个恒星系统,并在这些遥远的恒星系统之间自由进行能量交换。

然而,我们并没有走到尽头。在电子或电的原子之后,磁子或磁原子也接踵而来,它今天是沿着两条不同的途径向我们走来的,一条是通过磁体的研究,一条是通过简单物体的光谱的研究。我不需要在这里提醒你们注意外斯(Weiss)先生出色的讲演和这些实验以未曾料到的方式揭示出来的、使人惊讶的可通约关系。其中也有不能归因于偶然性的数量关系,为此必须寻求一种解释。

　　同时,还必须解释光谱中谱线分布的十分奇特的规律。根据巴耳末(Balmer)、龙格(Runge)、凯泽(Kaiser)和里德伯(Rydberg)的研究,这些谱线是按系列分布的,在每一个系列中都服从简单的规律。所出现的第一个想法是把这些规律和谐音的规律进行比较。正如振动弦有无数的自由度一样,这容许它产生无数的声音,这些声音的频率是基频的倍数;正像一个复杂形状的共鸣体也产生谐音一样,其规律是类似的,虽则更简单一些;正如赫兹谐振子可以具有无限数目的不同周期一样,由于同一理由,原子难道不能放出无限数目的不同的光吗? 你们知道,这种很简单的想法失败了,因为按照光谱定律,正是频率,而不是它的平方,其表达式才是简单的,由于对无限高范围的谐波而言,频率不会变成无限的。这种观念必须修正或抛弃。直到现在,它还抵制一切尝试;它还拒绝修改它自己。这就是导致里兹(Ritz)先生抛弃它的原因。因此,里兹把振动的原子设想为是由旋转的电子和一些头尾相接的磁子构成的。它不再是使波长具有规则性的电子相互之间的静电引力;而是由这些磁子产生的磁场。

　　这就是接受这种观念的某些困难,因为这种观念包含着某些人为的东西;但是我们必须服从它,至少必须暂时服从它,由于直到现在,虽然我们正在积极地进行研究,可是还没有发现什么不同的东西,为什么氢原子能发出几条谱线呢? 这并不是因为每一个氢原子能够发出氢光谱的所有谱线,也不是因为它们按照运动的初始情况发出这条或那条谱线。这是因为存在着多种氢原子,它们在磁子(磁子在氢原子中排列成行)数上彼此不同,因为每一种原子都放出不同的谱线。我们感到奇怪的是，这些不同的原子是否能够相互转化以及如何相互转化。原子为何能够失去磁子（也就是说，当铁的一种同素异形体转化为另一种时，似乎发生了什么）？磁子能够离开原子吗？或者，一些磁子能够脱离队列不规则地排列它们自己吗？

磁子的这种首尾相接的排列也是里兹假说的奇异特征。无论如何，外斯先生的想法必然使它似乎不怎么不可思议。就磁子的排列而言，确实必须是，即使不是首尾相接，至少也是平行的，因为它们能够用算术方法相加，至少能够用代数方法相加，但是却不能用几何方法相加。

那么，磁子是什么呢？它是某种简单的东西吗？不是这样，如果我们不希望抛弃安培（Ampère）粒子流假说的话。因此，磁子是电子的涡旋，我们的原子现在变得越来越复杂了。

无论如何，促使我们对原子的复杂性比其他任何特性更为重视的是德比尔纳（Debierne）先生在他讲演末尾所阐述的思想。这在于解释放射性变化的规律；这个规律是很简单的，它是指数式的。但是，如果我们考虑一下它的形式，我们看到它是统计规律；我们能够在其中辨认出机遇的因素。但是，机遇因素在这里并不是由于其他原子或其他外部动因的偶然的冲突。它恰恰在于原子内部，变化的原因就是在原子内部找到的。我指的是决定性原因以及物质因。另外，我们应当看到外部环境，例如温度施加影响于上升到一给定的幂的时间系数，这个系数显然是常数，从而居里（Curie）提出利用它来测量绝对时间。

因此，调节这些变化的机遇因素是内部机遇因素；也就是说，放射性物体的原子是一个世界,是一个隶属于机遇的世界;可是让我们谨防那些谈到机遇就把它理解为大数的人。由几种元素组成的世界将程度不同地服从复杂的规律,但却不是统计规律。因此,问题必然是,原子是一个复杂的世界;它的确是一个封闭的世界(或者至少是几乎封闭的世界)。它避免了我们能够引起的外部扰动。既然有关于原子的统计学,因而有内部热力学,因此我们能够谈论原子的内部温度。好了! 没有呈现与外部温度平衡的趋势,仿佛原子被封闭在完全不被辐射热渗透的外壳内。原子之所以是一个个体,这恰恰是因为原子是封闭的,因为原子的功能被墨守成规的官员明确地谋划和护卫。

乍看起来,原子的这种复杂性并不能引起人们的思想有什么震动;它似乎不会使我们惊慌失措。但是,稍假思索将立即揭示出我们起初没有想到的困难。在计量原子时,我们计量的是自由度。我们已经隐含地假定,每一个原子只有三个自由度。我们以此来解释所观察到的比热。但是,每一个新的复杂性都应当引入新的自由度,因而我们仍远离目标。这一困难还是引起了能量均分原理的创始人的注意。他们已经为光谱的谱线数感到惊愕,但是由于没有找到避免它的办法,他们才敢于忽略它。

原子是复杂而封闭的世界,这正是很自然的解释。外部扰动对于在内部发生的现象没有任何影响,在内部发生的现象对于外部也没有影响。这不会全部为真;另外,我们从未了解到在内部发生了什么,原子似乎是简单的质点。真实的东西就是我们只能通过很小的窗户看到内部的东西,实际上,在外部和内部之间没有能量交换,从而在这样内外两个世界之间没有能量均分的趋势。正如我不久前说的,内部温度不与外部温度趋于平衡,这就是比热相同的原因,犹如所有的内部复杂性不存在一样。让我们设想一个由中空的球构成的复杂的物体,它的内壁是绝对不透热的,在该物体内部有多种多样不同的物体。所观察到的这个复杂物体的比热将是球的比热,仿佛所有封闭在它里面的物体不存在一样。

　　不管怎样,在原子内部世界关闭的门不时地稍稍打开。这就是当原子通过氦粒子的放射,自身发生衰变,在放射性等级上下降一位时所发生的现象。接着发生什么呢?如何区分这种分解与通常的化学分解呢?为什么由氦和其他东西构成的铀原子往往被叫作原子,而不叫作氰——其行为在许多方面像简单物体的行为,它由碳和氮构成——那样的半分子(semi-molecule)呢?毫无疑问,这是因为铀的克原子热将服从(我不知道是否已经测量过)杜隆(Dulong)和珀替(Petit)的定律,这事实上是单原子所服从的定律。因此,在放出氦粒子的时刻和原来的原子分裂为两个次级原子时,克原子热应该加倍。由于这种分解,原子会得到能够影响外部世界的新的自由度,这些新自由度应当通过比热的增加而显示出它们的存在。在各组分总比热和化合物比热之间的这种差别的结果应该是什么呢?正是这种分解所释放出的热应该随温度急剧地变化;以至于在常温下大量吸热的放射性分子的形成将会在较高的温度下变成放热的。这样,我们将会更好地理解放射性化合物是如何形成的,其中仍还有某些秘密。

　　不管事情可能怎样,这些小的封闭的或只是稍稍开放的世界这一观念还不足以解决问题。除了在一扇门稍稍打开的瞬时,能量均分原理毫无疑问应当在这些封闭世界之外起支配作用,这是必然的；而这并非所发生的事情。

当温度降低时，固体的比热急剧地减小，仿佛它们的某些自由度相继僵化了一样，也可以说相继冻结了；或者，你如果乐意的话，也可以说与外界失去了所有接触，陆续退居于某些封闭世界的某些封闭空间之后。

而且，黑体辐射定律并不是能量均分原理所要求的定律。

能适应这个理论的定律是瑞利(Rayleigh)定律，而且由于它会导致无穷大的总辐射，因此似乎隐含着矛盾的该定律与实验绝对不相容。在黑体发射中，只存在比能量均分原理所要求的少得多的短波光。

这就是普朗克(Planck)先生为什么构想出他的量子论的原因，按照量子论，在普通物质和其振动产生白炽体光的小谐振子之间，二者所进行的能量交换只能以突然跃迁的方式发生。这些谐振子之一不能以连续的方式获得或丧失能量。它不能够获得一个量子的一部分；它只能获得完整的量子，或者就什么也得不到。

为什么因此固体的比热在低温下减少呢？为什么它的某些自由度似乎不起作用呢？这是因为在低温下，它们所能获得的能量供应不足以向它们中的每一个提供一个量子；它们中的一些只有资格分得一个量子的一部分。但是，由于它们要么需要完整的量子，要么一点也不需要，所以它们一无所得，依然像僵化了一样。

在辐射中也是如此，一些不能得到完整量子的谐振子一无所得，依然静止不动，以至于在低温下辐射出的光比无此条件存在时要少得多。而且，由于波长较短时所要求的量子都较大，所以特别是短波长的谐振子依然保持不活动，以至于短波光所占比例比瑞利定律所要求的要小得多。

　　说这样一个理论惹起了许多困难,恐怕多少有些幼稚。当这样一个大胆的观念提出时,我们可以充分地预料到会遇到困难。我们知道,我们正在推翻所有已被接受的观点,我们不会为任何障碍而感到意外;相反地,我们会为在我们面前没有发现什么障碍而惊奇。因此,这些困难似乎不是正当的反对理由。

　　无论如何,我将有勇气指出几点,我将不选择那些最大的、最明显的、任何人都能想到的东西;事实上,这是完全无用的,因为每一个人都直接想到过它们。我只希望向你们叙述一下我所经历过的一系列前后相继的思想反应。

　　首先,我感到奇怪,所提出的证明的价值是什么。我注意到,借助给定的假说,我们通过简单的计算来估计各能量划分的概率,因为它们在数目上是有限的,但是我不能很好地理解,为什么它们被认为是同等可几的。接着,我引入了温度、熵和概率之间的已知关系。这假定了热力学平衡的可能性,因为这些关系通过假定这一平衡是可能的而得到证明。我十分清楚地知道,实验告诉我们,这种平衡是可以实现的,由于实验已经成功了。但是,这并不能使我满意;必须证明,这种平衡与所述的假说是一致的,甚至是它的必然结果。我的确没有疑问,但是我觉得需要多少更明确地理解,为此就有必要稍微探究一下这种机制的细节。

97　　谐振子的振动是辐射的原因,而能量分布发生在不同波长的这些谐振子之间,正因为如此,谐振子必须能够交换它们的能量。否则,初始分布会无限地继续下去,由于这种初始分布是任意的,所以就不可能提出辐射定律问题。但是,谐振子能够释放到以太中,并能够从以太中仅仅接收严格确定的波长的光。因此,无论何时,在没有以太作为介质的情况下,各谐振子彼此之间不能发生力学作用;而且,如果谐振子是固定的,关闭在固定的封闭空间中,那么它们中的每一个仅能发射或吸收确定颜色的光。因此,谐振子只能和与它处于完全共振之中的其他谐振子交换能量,初始分布依然保持不变。但是,我们能够构想出两种交换方法,它们都不会向这一反对理由提供支持。首先,原子和自由电子能够从一个谐振子转移到另一个谐振子,与谐振子碰撞,把一些能量传递给它或从它那里吸收能量。其次,当光在运动的镜面上反射时,根据多普勒-斐索原理,光改变了它的波长。

我们能在这两种机制之间自由选择吗? 不能,可以肯定,二者都必须起作用,二者必然把我们引向同一结果、同一辐射定律。如果该结果是矛盾的,如果唯一起作用的碰撞机制倾向于导致某一辐射定律,例如普朗克的辐射定律,而多普勒-斐索机制倾向于导致另一个定律,那么实际上会发生些什么呢? 好! 所发生的是,这两种机制都需要起作用,但是在偶然情况的影响下交替地变为优势,世界会不断地从一个定律摇摆到另一个定律,它不会趋向于最终的稳定态,不会趋向于将不再知道有什么变化的热寂状态。热力学第二原理不会为真。

因此,我决定相继审查两个过程,我从力学作用开始,从碰撞开始。你知道,旧理论为什么必然把我们引向能量均分原理。这是因为旧理论假定所有力学方程都是哈密顿方程的形式,从而它们把单位 1 看作是最后乘数,正如雅科毕(Jacobi)所理解的那样。接着有必要假定,自由电子和谐振子之间碰撞的规律不取相同的形式,描述它们的方程容许最后乘数不是单位1。它们确实必须有最后的不为1的乘数;否则热力学第二原理不会为真——我们还会遇到前一些时候的困难——但是乘数一定不是单位1。

恰恰是这个最后乘数,它度量一个系统的给定状态的概率(或确切地说,可以称为概率密度)。在量子论中,这个乘数不可能是连续函数,因为一个状态的概率必须是0,每时每刻对应的能量不是量子的倍数。其中存在着明显的困难,但它只是我们预先屈从的困难之一。我没有就此止步;我接着把计算进行到底,我再次遇到普朗克定律,充分证实了这位德国物理学家的观点。

然后,我进入到多普勒-斐索机制。让我们设想一个由唧筒和活塞组成的封闭空间,它的壁是全反射的。在这个封闭空间中,包含着一定量的光能:这些光能没有任何波长分布,而且没有光源。光能永远被封闭着。

只要活塞不运动,这种分布就不会改变,因为光在反射时依然保持它的波长。但是,当活塞运动时,该分布将发生变化。如果活塞的速度很慢,这个现象是可逆的,熵必定保持不变。于是,我们再次碰到维恩(Wien)分析和维恩定律,但是我们的处境并非好了一些,因为这个定律对旧理论和新理论都是共同的。如果活塞的速度不太慢,该现象就变得不可逆了;以致热力学分析不再把我们引向等式,而引向简单的不等式,因此不能得出结论。

然而,似乎也可以作如下推理:让我们假定,能量的初始分布是黑体辐射分布;显然,这对应于最大熵。由于活塞运动了几个冲程,所以最终的分布必定保持相同,而熵却应当减少。事实上,无论初始分布如何,在活塞运动许多冲程之后,最终分布都应当是使熵达到极大值的分布,即黑体辐射分布。这种推理也许是毫无价值的。

该分布具有趋近于黑体辐射分布的倾向;它不会比热能够从冷物体传到热物体这一现象更多地回避这一点;也就是说,它不会在没有一个抉择方案的情况下作到这一点。但是,在这里没有可供选择的方案;活塞的每一个冲程都做功,这能通过封闭在唧筒中光能的增加而觉察出来;也就是说,它转化为热。

如果反射光的运动物体既无限小又无限多,那么就不再会遇到同样的困难,因为这样它们的动能不会来自机械功,而是来自热。因此,由于这种功转化为热,就有可能补偿相应于波长分布变化的熵的减少。于是,我们有权利得出结论:如果初始分布是黑体辐射分布,那么这种分布必然无限期地持续下去。 99

让我们想象一个具有固定的反射壁的空腔。我们将不仅把光能,而且也把气体封入其中;这种气体分子将起运动镜的作用。如果波长的分布是相应于气体温度的黑体辐射分布,那么这种状态必须是稳定的,也就是说:

第一,光施加于分子的作用必然不能引起温度变化;

第二,分子施加于光的作用必然不能打乱这种分布。

爱因斯坦(Einstein)先生研究了光对分子的作用。实际上,这些分子经受着类似于辐射压的某种作用。可是,爱因斯坦先生没有完全采纳这样一种简单的观点。他把分子和小的可动的谐振子作了比较,这些谐振子能够同时具有平动动能和电振荡能量。结果在任何情况下都是一样的;他大概已经承认瑞利定律。

至于谈到我,我将反其道而行之;也就是说,我将研究分子对光的作用。分子太小了,以至于不能进行稳定的反射;它们只能产生漫射。当我们不考虑分子的运动时,我们依据理论和实验知道这种漫射是什么;事实上,正是这种漫射,使天空呈现蓝色。

这种漫射从影响波长,但是波长越短,漫射越剧烈。

为了解释热骚动,必须从分子在静止时的作用进入到分子在运动时的作用。这很容易;我们只需应用洛伦兹相对性原理就可以了。其结果是,同一真实波长的各种光束从不同方向照到分子上时,对于认为该分子处于静止的观察者来说,将不具有相同的表观波长。表观波长不受衍射的影响,但是对于真实波长而言,同样的情况却不正确。

于是我们得到一个有意义的定律;无论是反射光能还是漫射光能,都不等于入射光能;依然不受影响的并不是能量,而是能量与波长之积。我起初很满意。事实上,这个结果是入射量子等于漫射量子,因为量子与波长成反比。不幸的是,这却毫无价值。

通过这种分析便导出瑞利定律;这一点,我已经知道了。但是,我希望,当我看到我如何导出瑞利定律时,我会更明确地觉察到,为了承认普朗克定律,该假说必须受到什么修正。就是这个希望却被否定了。

我的第一个想法是寻求类似于量子论的某种理论。我的确感到奇怪,两个完全不同的解释是否能说明对于能量均分原理的背离(能量均分原理与产生的这种背离的机制有关)?现在,能量的不连续结构怎样才能产生呢?可以设想,这种不连续性归因于光能本身,当光能在自由以太中传播时,其结果,光并不像密集的纵队那样打到分子上,而是像分开的小分队那样打在分子上。很容易看到,这样不会在结果上有什么变化。

要不然,我们可以假定,不连续性是在漫射时刻产生的,漫射的分子不能以连续的形式转变光,而只能以逐个的量子转变光。这两种情况都不会发生,因为如果被转变的光必须留在候车室里,犹如我们正乘公共汽车,公共汽车在出发前要等到装满乘客一样,那就必然会延误。但是,瑞利勋爵的定律告诉我们,由分子引起的漫射在不偏离入射光线方向的情况下发生时,它很容易产生寻常折射;也就是说,漫射光有规则地与入射光干涉,如果有相位损失的话,这将会不可能。

如果我们敞开思想询问一下,最好放弃哪一个前提,那么我们将感到大为困惑。我们无法看到,我们怎么能够放弃相对性原理。再者,必须加以修正的是静止分子的漫射定律吗?这也很困难;我们几乎不能想象天空不是蓝的。

我想摆脱这一窘境,我愿以下述见解结束讲演。随着科学的进步,它变得越来越难于为新事实留出空位,新事实难以自然地适合这些空位。旧理论建立在大量的数值一致上,这种一致不能归因于机遇。因此,我们无法把那些已经结合在一起的东西分开;我们不再能够破坏这个框架,我们必须试着"弯曲"它。它并不总是能自己被弯曲。能量均分原理解释了这么多的事实,它必然包含着某些真理;另一方面,由于它不能解释所有的事实,所以它并不全部为真。我们既不能抛弃它,也不能不加修正地保留它,似乎是绝对必要的修正是如此不可思议,以至于我们拿不准是否接受它。在科学目前的状况下,我们只能在没有解决这些困难的情况下承认这些困难。

第八章　伦理和科学

　　在十九世纪后半期，人们常常梦想建立科学伦理学。我们不满足于歌颂科学的教育功效，也不满足于人类精神为其自身的改进从看来似乎是真理的东西中得到的好处。我们依靠科学使道德真理达到不容置辩的境地，就像科学对于数学定理和物理学家所陈述的定律所作的那样。

　　宗教能对信仰者有巨大的威力；但是并非所有的人都是它的信徒。信仰仅能够强加于少数人；而理性却会给一切人留下烙印。我们必须致力于理性；但我的意思并不是指形而上学家像肥皂泡一样美丽而短暂的构思，它们使我们欢娱一时，旋即就爆裂了。唯有科学牢固地建设着；它已构造了天文学和物理学；今天它正在构造生物学；明天它将以同样的方法建设伦理学。科学的法规将毫无争议地处于支配地位；没有人能够反对它们，我们将不想去反对道德准则，就像我们今天不想去反对三垂线定理和引力定律一样。

　　另一方面，有些人把一切可能的邪恶都与科学联系起来；他们把科学视为伤风败俗的学校。这不仅是因为科学过分地强调物质的重要性，而且也使我们丧失了尊敬的意识，因为我们只是尊敬我们不敢去看的那一些东西。但是，科学的结论不会否定道德吗？正如一些著名的作家所说，科学将使天空的繁星黯然失色，或者至少使它们丧失了它们的全部神秘,把它们归结为普通的气体喷发状态。科学将揭露出造物主的舞台效果,从而使造物主失去他的某些威严。让孩子们窥视舞台两侧不是什么好事;这会引起他们怀疑用来吓唬孩子的怪物的存在。如果我们允许科学家按照他们的意思去做,那么立即就会没有道德。

关于一部分人对科学充满希望而另一部分人对科学怀有畏惧,我们有什么看法呢? 我毫不犹豫地回答:它们同样是没有根据的。不可能有科学的道德;也不可能有不道德的科学。其理由很简单,这纯粹从语法上就可以得到说明。

如果三段论中的两个前提都是陈述句,那么结论也将是陈述句。要使结论用祈使句表述,至少一个前提本身必须是祈使句。可是,科学原理和几何学公设都是陈述句,并且只能是陈述句。实验真理也是同样的语气,在科学的基础上,没有并且也不能有其他语气。既然这样,最狡猾的逻辑学家能够像他希望的那样歪曲这些原理,把它们结合起来,使它们相互堆叠。他能由此推出的一切将是陈述语气。他永远也不会得到这样表述的命题:做这个或者不做那个;也就是说,他从未获得肯定道德或违背道德的命题。

这里就有道德家长期碰到的困难。他们力求证明道德准则,我们必须原谅他们,因为这是他们的职业。他们希望把伦理学放在某些东西的基础上,就好像它能够以除它之外的某种东西为基础一样。科学向我们表明,由于以这样的方式生活,人只能贬低他自己的价值。如果我不在乎贬低我自己,如果你认为退化的东西我却认为是进步的,情况会怎样呢? 形而上学家迫使我们遵循人的一般准则,据说这个准则已经被发现了。对此可以作出回答:我宁可服从我自己的特殊准则。我不知道形而上学家将作何答复，但是我能够向你保证，他们将不会有最后的答案。

宗教的伦理学难道比科学或形而上学更幸运吗？人们之所以服从它，是因为上帝对它有支配权，是因为上帝是能够克服一切阻力的主宰者。这是一个证明吗？我们不能认为起来反对全智全能的上帝是好事吗？在朱庇特和普罗米修斯*二者之间，真正的胜利者是遭受磨难的普罗米修斯吗？而且，屈从压力并不是顺从；使人心悦诚服不能靠命令。

我们也不能把伦理学建立在社会利益、祖国概念、利他主义的基础上，因为还需要证明，人们为什么必须献身于自己作为其中一员的城邦，或者为什么要为他人的幸福而献身。逻辑学也好，科学也好，都不能向我们提供这种证明。尤其值得注意的是，正是赤裸裸的自私自利道德、唯我主义道德，才是软弱无力的，因为我们毕竟不能保证唯我主义者是最好的，因为还存在着并非是唯我主义者的人。

因此，一切教条的伦理学，一切论证的伦理学，预先注定要遭受失败；这正像一个只有传动机件而没有发动机的机器一样。能够使所有连杆和齿轮机件运转的道德发动机只能是某种感受到的东西。人们无法证明，我们必须同情不幸的人；可是，让我们面对不该受的痛苦吧，哎呀，这是一种什么样的情景啊！实在太频繁了，我们将发现我们被反抗的情感所激愤；在我们身上将产生某种

---

　　* 朱庇特(Jupiter)是罗马神话中的主神。普罗米修斯(Prometheus)是希腊神话中的巨人，相传因盗取天火给人类而触怒主神，被锁在高加索山崖遭受神鹰啄食。——中译者注

理智无法控制的力量,这种力量仿佛违反我们的意志,不可遏止地驱使着我们。

即使已经证实上帝是无所不能的,上帝能够压垮我们;即使能够证明上帝是乐于助人的,我们应该对上帝感恩戴德,也不能证明我们必须服从上帝。有些人把作为所有自由中最珍贵的权利视为令人生厌的东西。可是,如果我们热爱上帝,一切证明将变得毫无必要,顺从也许是完全自然的;这就是为什么宗教是强有力的,而形而上学体系却不是这样。

当我们要求用理性论据证明我们热爱我们祖国有正当的理由时,我们可能会不知所措。可是,让我们设想我们的军队是战败者,法国遭到入侵;我们怒火中烧,我们泪水盈眶,我们再也听不进任何东西了。倘若一些人今天如此强词夺理,那无疑是由于他们缺乏想象力。他们想象不到这一切灾难,如果不幸和上天的惩罚迫使他们亲眼看到这些,那么他们的心灵便会像我们的心灵一样地进行反抗。

因此,科学不能自行创造道德;也不能自行而直接地削弱或消灭传统道德。但是,它能不能施加间接的影响呢?我刚刚所说的已表明,它能够通过某些机制起作用。科学能够产生新的感情,这并不是说这种感情是可以证明的;但是,因为各种形式的人类活动都反作用于人自身,使他的灵魂获得更新。每一行都有职业性的心理。庄稼汉的感情不同于金融家的感情;因此,科学家也有他的特殊心理,我是指他的感情心理,这种感情心理中的某些东西会感动仅仅偶尔与科学接触的人。

另一方面,科学能够激发人身上天然存在的感情。继续谈前不久提到的比喻吧！我们能够用连杆和曲柄建造我们所要求的那么复杂组合；如果锅炉里没有蒸汽，机器将不运转。然而即使有蒸汽，所做的功并非总是与之相等；这要取决于所应用的机械。按同样的方式，我们可以说，感情只是向我们提供了行动的一般动力。它将向我们提供三段论的大前提，在适当的场合下，这种大前提将是祈使语气的。科学就其作用而言，将向我们提供小前提，这种小前提是陈述语气的，而由它推出的结论则可能是祈使语气的。我们将依次考虑这两种观点。

　　首先，科学能够变成感情的创造者和激发者吗？科学不能做到的事，对科学的爱能够做到吗？

　　科学使我们与比我们自己更伟大的某些事物保持恒定的联系；科学向我们展示出日新月异的和浩瀚深邃的景象。在科学向我们提供的伟大的视野背后，它引导我们猜测一些更伟大的东西；这种景象对我们来说是一种乐趣，正是在这种乐趣中，我们达到了忘我的境界，从而科学在道德上是高尚的。

　　尝到这种滋味的人，即便是远远地看到自然规律先定和谐的人，他会比其他人善于自处，不去理会他的渺小的、个人的利益。他将具有他认为比他自己更有价值的理想，这正是我们能够建立伦理学的唯一基础。为了这一理想，他将不遗余力地忘我工作，并不期望任何庸俗的报偿，而对某些人来说，报酬却是最重要的；当他养成了无私的习惯时，这种习惯将处处伴随着他；他的整个一生将始终散发出无私的芳香。

　　对这种人来说，鼓舞他的主要是对真理的热爱，其次才是激情。这样一种热爱不是地道的道德准则吗？因为欺骗在纯朴的人看来是卑鄙的罪恶和最严重的堕落，所以难道有比反对欺骗更重要的事情吗？好了！当我们养成了科学方法、它们的严格的精确性、对歪曲实验过程的所有企图极端厌恶的习惯时；当我们习惯于担心把稍微损害我们成果的非难——即使这样是无害的——视为最大的丑行时；当这一切在我们身上已经变成永不磨灭的职业习惯和第二天性时；于是，在不再了解促使其他人进行欺骗的原因限度内，我们将不能在我们所有的行为中揭示出对绝对真诚的这种关心吗？而且，这不是获取最珍贵的、最难得的真诚——这种真诚在于不欺骗自己——的最好方法吗？

在我们的缺点中，我们理想的高尚支撑着我们。我们可能更喜欢另外的东西，但是科学家的上帝毕竟不是越远离我们就越伟大吗？的确，上帝是不可动摇的，许多灵魂愿为之忏悔；但是，科学家的上帝至少不具有我们的狭窄的心胸和卑鄙的私怨，而神学家的上帝却往往如此。我们必须服从一个比我们本身更强有力的准则，我们无论如何也必须习惯于这一准则，这种概念也可能具有有益的影响。我们最低限度能够赞成这个准则。对于我们的农民来说，如果他们总是乞灵于充分强有力的立法官的仲裁，那么相信该律法从未产生，而不相信政府将使法律变温和而受他们欢迎，这样岂不更好？

正如亚里士多德（Aristotle）所说，科学以普遍性作为目的。在特殊事实面前，它将要认识普遍的规律；它将追求愈来愈广泛的概括。乍看起来，这似乎只不过是一种智力习惯；但是，智力习惯也具有它们的道德影响。如果你变得习惯于不怎么去注意特殊的、偶然的东西，因为你对它不感兴趣，那么你将自然而然地认为它几乎没有什么意义,不把它看作是值得追求的目标,甚至不屑一顾。作为始终高瞻远瞩的结果,可以这么说,我们变得有远见了;我们不再盯着微不足道的琐事了,由于我们再也不理会它,我们不会陷入使它成为我们生活目标的危险之中。于是,我们将自然而然地发现我们自己倾向于使我们的特殊利益服从普遍利益,这确实是伦理学的一条准则。

其次,科学对我们还有另外的用处。科学是一项集体事业;而不可能是其他。正像一座不朽的丰碑,建成它需要数世纪,为此每个人必须携带一块石料,在某些情况下,这块石料需要耗费人的毕生精力。因此,这使我们感到,科学需要必要的合作,需要我们和我们同代人同心协力,甚至需要我们的祖先和我们的后继者共同奋斗。我们理解到,每一个人只不过是一个战士,仅仅是整体的一小部分。正是我们共同感到的这种纪律,造就了军人的精神,把农民的粗俗灵魂和冒险家的无耻灵魂改造成使他们能够具有各种各样的英雄主义行为和献身精神。在十分不同的条件下,科学能够以类似的方式导致慈善行为。我们感到,我们正在为人类的利益而工作,结果在我们看来,人性变得更可爱了。

这里有赞成者和反对者。对我们来说,如果科学似乎在人们的心灵内不再是软弱无力的,在道德问题上不再是无关紧要的,那么它能没有有益的影响以及有害的影响吗? 首先,每一种感情都是排他的。它将不引起我们丧失对情感以外的一切的洞察吗? 毫无疑问,热爱真理是一件伟大的事情;但是,为了追求真理,如果我们牺牲其他无限宝贵的东西,例如仁慈、虔诚、对邻人的爱,那将是什么样的事态啊! 在听到任何灾变,例如听到地震时,我们会忘记受难者的痛苦,而只想到振动的方向和振幅;如果地震揭露出地震学某些未知的规律,那么我们几乎会认为这是交了好运。

这里有一个马上会想到的例子。生理学家毫无顾忌地讲行动物解剖,在许多老太太的眼中,这是一种罪过,没有科学的任何好处,无论是过去的还是将来的,能够证明它是正当的。假若我们要相信老太太的话,她们认为对动物表现出没有怜悯心的生物学家必然对人也是残忍的。她们无疑犯了错误;我知道许多生物学家都是和蔼可亲的。

解剖动物的问题值得我们花时间详述,尽管它诱使我稍微离开主题。在这个问题中,存在着一种责任冲突,现实生活每时每刻都向我们揭示出这一冲突。人的伟大之处在于有知识,人要是不学无术,便会变得渺小卑微,这就是为什么对科学感兴趣是神圣的。这也是因为科学能够治愈或预防不计其数的疾病。另一方面,造成痛苦总不是善良之举(我没有说死亡,我说的是痛苦)。虽然比较低等的动物无疑没有人的感觉灵敏,可是它们也值得怜悯。只有通过大致的折中方案,我们才能够使我们自己从责任冲突中解脱出来。即使对低等动物,生物学家必须仅仅从事那些实际上有用的实验;同时在实验中必须用那些尽量减轻疼痛的方法。但是,在这方面,我们必须凭我们的良心,任何法律上的干预都是不合适的,都多少有点可笑。在英国有句话,除了不能把男人变为女人外,议会无所不能。我要说,议会是无所不能的,唯独不能在科学事务中作出合格的判决。没有哪个权威能够制定一种法规来裁决实验是否有用。

但是,我必须返回到我的主题上来。有人说,科学使人变得心硬起来，它使我们热衷于物质的东西，它扼杀诗意，而诗是一切高尚情操的唯一源泉。科学接触的心灵枯萎起来，而且变得反抗一切高尚的冲动、一切激情、一切热情。我不相信这一切；前不久我陈述了相反的意见。可是，这是一种流传很广的见解，它必定有某种根据。事实证明，同一食物并不适合于每一个人的口味。

我们要指出什么呢？科学能够在道德教育中起十分有益的和十分重要的作用，这是众所周知的，也是了解和热爱科学的老师们谆谆教导的。但是，认为只有科学才有这种作用，那可就错了。科学能够唤起仁慈的情感，这种情感能够作为一种道德力量；但是其他学科同样也能如此。使我们自己得不到任何援助恐怕是愚蠢的；科学与其他学科的全部结合力量对我们来说不是太大了。有人并不理解科学；通常可以看到这样的事实：在所有班级的学生中，他们在文学方面是"良"，而在科学方面却不是"良"。即使科学没有触及他们的精神，也能够触及他们的心灵，相信这种说法是多么荒诞无稽啊！

我谈谈第二点。科学像所有各类活动一样，不仅能够唤起新的感情，而且能在旧有的、自发地从我们心中产生的感情上建造新的大厦。在三段论中，设想两个前提是陈述语气而结论却是祈使语气，这是不可能的。但是我们能够设想根据下述类型构成的一些东西：现在做这个；可是如果我们不做那个的话，我们也不能做这个；因此就做那个。这样一种推理并未超出科学的范围。

能够作为伦理学基础的感情具有截然不同的本性；它们在各个人身上的表现也千差万别。在一些人身上，某些感情占优势，而在另一些人身上；另外的情弦总是易于振动。有些人特别富于同情心;他们将为邻人的痛苦而伤心。另一些人使一切服从社会和谐、公众幸福;或者他们还希望他们的国家强大。另一些人也许还有一种美的理想,或者他们认为,我们的首要责任是使我们自己变得更完善,力求变得更强大,变得不为物质所诱惑,视财富如浮云,并且不降低我们自身的尊严。

所有这些倾向都是值得称赞的;但是它们是不同的。冲突也许可以由此产生。如果科学向我们证明这一冲突无须害怕,如果科学证明这些目标之一在不对准其他目标的情况下便不能达到(并且这是在科学的范围内),那么科学便完成了有益的工作;科学将给道德家以宝贵的帮助。在此之前,这些军队是在混战,每个士兵在混战中都朝着他自己的特定目标前进。现在,这些军队排成了整齐的队列,因为科学向他们表明,一个人的胜利就是每一个人的胜利。他们的努力将是协调一致的,乌合之众将变成一支纪律森严的军队。

这是科学前进的真实方向吗?抱这样的希望是可以容许的。 109 科学越来越向我们表明宇宙不同部分的相依关系;向我们揭示出宇宙的和谐。这是因为这种和谐是真实的呢,还是因为它是我们精神的需要,因而是科学的公设呢?这是一个我不想试图去解决的问题。事实依然是,科学趋向于统一,并且把我们引向统一。正如科学使一些特殊规律协调起来,把它们联合成一个更普遍的规律一样,科学难道不是也把我们心灵的表面上看来彼此如此背道而驰、如此反复无常、如此迥然不同的个人抱负归于统一吗?

但是,如果科学在这项任务中失败了,那将多么危险、多么令人失望啊! 难道科学造成的危害不可能像它带来的好处那样多吗？这些钟爱、这些情感是如此脆弱、如此娇嫩，它们经得起分析吗？一点点光明不就会暴露出它们的空虚吗？我们将不无止境地、毫无裨益地继续下去吗？如果我们为别人做得越多，他们变得越贪得无厌，越得寸进尺，从而他们得到了他们命中应得的东西，那么怜悯又有什么用呢？如果怜悯不仅能产生忘恩负义之人——这还不那么重要——而且只能产主苦难深重的灵魂，那么怜悯究竟有何用处呢？如果祖国的伟大往往只不过是明显的苦难，那么热爱祖国有什么用呢？如果我们仅仅活一天，那么力求变得更完美又有什么用呢？当科学把它的威力用于这些诡辩时，这将是一场灾难！

此外，我们的灵魂是一个复杂的组织，在这个组织中，由我们的观念所形成的思路纵横交错，纠缠牵连。要截取这些思路之一，就要冒引起大量破裂的危险，没有一个人能够预见破裂的程度。我们不是造成这种组织的人；它是过去的遗产。由于我们还不了解它，我们最高尚的抱负常常与最陈旧、最可笑的偏见联系在一起。科学将消除这些偏见；这是科学的天职，也是科学的义务。旧习惯把高尚的倾向与偏见联系起来，结果这种高尚倾向不也会受到损害吗？不，毋庸置疑，在坚强的灵魂中并非如此；但是，不仅有坚强的灵魂，不仅有眼光锐利的精神，也有经受不住磨炼风险的简单的灵魂。

因此有人认为，科学将是破坏性的。他们为科学将要引起的毁灭而惊恐不安，他们担心，科学所及之处，社会将不再能够幸存下去。在这些担心中，没有几分自相矛盾吗？如果从科学上证明。这样一种曾被认为是对人类社会的真正存在必不可少的习惯实际上并不具有赋予它的重要意义,我们只是为它的悠久历史而蒙蔽,倘若这一点被证明,并且承认这种证明是可能的,那么人类的道德生活将会削弱吗? 二者必居其一:或者这种习惯是有用的,那么真正的科学就不能证明它是无用的;或者它是无用的,因而无须为它 110 悲叹。当我们把这些促成道德的高尚情操用作我们演绎推理的基础时,如果它是在与逻辑规则一致的情况下作出的,那么正是这种情操以及道德,我们将在我们推理的整个链条的终点遇到。遭到破灭危险的并不是本质的东西,而只是在我们的道德生活中的一种偶然的东西。本质的东西一定能在结论中找到,因为它已包含在前提中。

我们必须担心的仅仅是那种不完备的科学、错误的科学,这种科学以其空洞的外观诱惑我们,煽动我们破坏那些不应该破坏的东西,当我们懂得更多时,才知道这些被破坏的东西以后仍需重建,可是此时已为时过晚。有些人迷恋一种观念,并非因为这种观念是正确的,而是因为它是新的,因为它是时髦的。这些人是可怕的破坏者,但是他们不是……我正想说,他们不是科学家,可是我注意到,他们许多人对科学作出了巨大贡献;因此他们是科学家,他们之所以是科学家;并不是因为这一点,而是与此无关。

真正的科学担心草率地进行推广概括,担心草率地进行理论演绎。例如,道德学家和社会学家所发现的一些所谓理论,这样的理论就是把社会和机体草率地进行类比,这些理论再全面、再有条理,物理学家依然怀疑它们,道德学家和社会学家又有什么办法呢! 相反地,科学无非是、并且不能不是实验的,社会学的实验就是以往的历史;无疑地,我们必须批判传统,但是我们一定不能完全抛弃传统。

道德并不害怕被真正的实验精神所推动的科学;这样的科学是尊重过去的;它与那种容易被新奇的东西蒙骗的科学上的势利行为针锋相对。它是一步一步地前进的,但总是在相同的方向上和正确的方向上,反对伪科学的最好办法是更加科学。

可以从另一方面来设想科学与道德的关系。没有什么现象不能成为科学的对象,因为任何现象都能被观察。和其他现象一样,道德现象也不例外。博物学家研究蚂蚁和蜜蜂的群体,安详地研究它们。同样,科学家也力求评价人,他们俨然超脱人群之外,他们设想遥远的天狼星居民的观点,从那里看来,我们的城市不过是蚁冢而已。那是他们的权利;那是他作为一个科学家的本职工作。

伦理科学乍看起来将纯粹是描述性的;它将教导我们做人的道德,它将告诉我们道德是什么,而不说道德应当是什么。其次,它将是比较性的;它将携带我们跨越空间,去比较各种人的道德——野蛮人的道德和文明人的道德;它也将带领我们跨越时间,让我们把昨天的道德和今天的道德加以比较。它最终将力求变成解释性的;描述、比较、解释——这是每一门科学的自然进化过程。

达尔文主义者告诉我们,适者生存的原则在长时期内促使那些愚蠢得企图回避这一原则的人消亡了,他们以此力求解释所有已知的人为什么都服从一种道德准则。心理学家将解释,道德准则为什么未必总是与普遍的利益相一致。他们将告诉我们,卷入生活旋涡里的人没有时间考虑他的行为的所有后果;他只能够服从一般的行为准则;这些准则越简单,越不会受到挑战;如果这些准则能起到有益的作用,从而如果选择能够创造它们,那么这些准则在大多数情况下就会与普遍利益相一致，这一点是充分的。历史学家想解释，在两种道德体系中——一种是使个人服从社会，一种是怜悯个人，主张以邻人的幸福为自己的行动目标——正是第二种体系，在社会变得更庞大、更复杂时，它总是持续地进步着，并且在说了做了之后，较少遭到灾祸。

伦理科学不是道德体系；它将永远不是道德体系；它不能代替道德，正像论述消化生理学的专著不能代替美味佳肴一样。我迄今已经说的东西使我不必再多说了。

但是，这不是我所要涉及的东西。伦理科学不是道德体系，可是对道德而言，它会是有用的吗，它会是危险的吗？ 一些人会说，解释总必须在某种程度上证明它是正确的；这可能易于得到支持。另一方面，另一些人会说，教导我们不同民族和地区的道德的多样性并非没有危险；这能够教导我们去探究，什么被盲目地接受了，并使我们习惯于注意偶然性，而在这里，只看到必然性也许更好一些。这两种说法恐怕并非都是错的。但是，坦率地讲，这不是在夸大那种十分肤浅的理论、那种人们总感到陌生的抽象对于人们的影响吗？ 当情感——有些是高尚的、有些是可鄙的——与我们具有的良知冲突时，在这种强有力的对立面前，偶然性和必然性之间的形而上学差别能起什么作用呢？

然而，我不能在一个重要的论点上保持缄默，尽管我几乎没有时间来讨论它。科学是决定论的；它是先验地决定论的；它以决定论为公设，因为没有决定论，科学便不会存在。科学也是后验地决定论的；如果它从假设决定论开始，作为科学存在的必要条件，科学以后正是通过现存的事实证实决定论，科学的每一个成果都是决定论的胜利。也许调和是可能的。我们能否承认,这种向决定论的挺进将继续下去而不停止、不倒退、不会遇到不可逾越的障碍呢?正如我们数学家所说的,我们无论如何无权通过这一极限去推导出绝对的决定论,因为到了该极限,决定论在同义反复或矛盾中消失了,我们能够承认这一点吗?这是一个研究了数世纪而没有希望解决的问题,在我能利用的余下的几分钟内,我甚至不能稍微触及它。

可是,我们面对着一个事实;不管是非曲直,科学是决定论的。科学无论渗透到哪里,它都要引入决定论。仅就物理学甚或生物学而论,还没有什么关系;良心领域依然未受扰动。在轮到伦理变成科学的对象的那一天,将会发生些什么情况呢?伦理学将必然变得充满决定论,这无疑将是伦理的崩溃。

是不是一切都毫无希望了?或者假使某一天道德变得与决定论一致起来,结果道德能够适应决定论而不消灭吗?这样一个引人注目的形而上学革命,它对道德的影响无疑没有我们设想到的那么严重。刑法镇压不包括在内,这是可以充分理解的。以前称为罪恶或惩罚的东西到那时可以叫做疾病或预防;可是社会依然会保持它的完整的权利,这不是惩罚的权利,而仅仅是维护自己的权力。更为严重的是,优点或缺点的观念会消失或者发生变化。但是,我们会继续喜欢好人,正像我们喜欢一切美的事物一样。我们也许不再有权利厌恶那些只会使我们充满厌恶的坏人。可是,憎恨坏人确实是必要的吗?我们继续厌恶坏事就够了。

除此以外,一切都会像在过去那样。天性比所有形而上学体系更强有力;即使这一点被证明,即使它的力量的秘密为人所知,

其结果它的力量也不会减弱。自牛顿以来,引力不是不可抗拒的 113
吗?引导我们的道德力量将继续引导我们。

正如富耶(Fouillée)所说,如果自由的概念本身是一种力量,
那么这种力量便难以减弱,即使科学家总是能够证明它只不过是
以幻想为基础。这一幻想太顽固了,它绝不是几个论据所能驱散
的。长期以来,最坚定的决定论者在日常谈话中还将说"我想要",
"我必须",甚至用它的心灵的最强有力的部分思考它,心灵的这部
分不是良心,它不进行推理。正如当我们行动时不像一个自由人
那样行动是不可能的一样,当我们进行科学工作时我们不像决定
论者那样推理也是不可能的。

因此,这个幽灵并不像人们所说的那样令人生畏,也许还存在
着不害怕它的其他理由。我们能够希望,每一种事物都可能在绝
对中和谐一致,对于无限的理智而言,两种态度——一种态度认为
人要像他是自由的那样而行动,一种态度认为人要像自由在任何
地方也不存在那样而思考——似乎同样是合理的。

我们已经依次设想了不同的观点,用这样的观点有可能考虑
科学和伦理的关系。我们现在必须得出结论。在伦理一词的严格
含义上,现在没有,将来永远也不会有科学的伦理;但是,科学能够
以间接的方式帮助伦理。一般所理解的科学不能不帮助伦理,只
有伪科学才是令人担心的。另一方面,单靠科学是不够的,因为它
只能看到人的一部分,或者如果你宁可说,它虽可看到一切。但却
是从同一角度看待这一切的;其次,因为必须认为人的心灵并非全
是科学的。另外,对科学畏惧和希望过高,在我看来同样是不切实
际的;伦理和科学只要它们二者在前进中,肯定将会相互适应。

第九章　道德联盟^①

今天的会议把形形色色思想的人联系在一起，大家只是由于共同的良好愿望和对于美好事物的同样向往而接近了。可是我并不怀疑，他们将容易一致；因为即使他们在方法方面没有相同的观点，他们在所要达到的目标方面却是一致的。这是唯一关系重大的事情。

最近可以读点东西了，还有可能看看巴黎广告墙，上面张贴着关于"道德冲突"的自相矛盾的讨论会的预告。这一冲突存在吗？它有必要存在吗？非也。道德能够建立在大量理由的基础上；这些理由中的一些是超验的；它们可能是最好的，并且确实是最高尚的；但是它们却是受到挑战的理由。至少存在着一个理由，它也许稍微平凡一些，我们确实必须与它一致。

事实上，人生就是持续的斗争；有些起来反抗他的力量是盲目的，但无疑是可怕的，这种力量会迅速地制服他，促使他灭亡，这种力量会以无数的艰难困苦压倒他，假如他不站起来持续反对这种力量的话。

---

① 这篇演说是昂利·彭加勒在他逝世前三周，即 1912 年 6 月 26 日在法国道德教育联盟成立大会上作的。这是他在公开场合的最后一次讲演。——原注

如果我们偶尔享受到相对的宁静，那正是因为我们的先辈顽强斗争的结果。如果我们的精力、我们的警惕松懈一会儿，我们就将失去先辈们为我们赢得的斗争成果。因此，人类像战争中的军队一样；现在，每一支部队都需要纪律，并且仅在战斗的日子里服从纪律是不够的。它必须在和平时服从纪律；没有这一点，它的失败则是确定无疑的，不管多么勇敢也不能挽救失败。

我刚才所说的东西正好可以适用于人类为生存必须进行的斗争。人类必须接受的纪律叫做道德。人类忘记道德的那一天，注定会遭到厄运，并且陷入痛苦的深渊。而且，在那一天，人类会经历道德衰败；人类会认为自己不怎么美了，也可以这么说，认为自己比较渺小了。我们应当为此而悲伤，这不仅因为痛苦会接踵而至，而且也因为它会使某些美好的事物变得黯然失色。

在所有这些看法上，我们大家想的都一样；我们大家都知道，我们必须向何处去。当涉及到决定走哪条道路时，我们为什么分裂了呢？如果推理有任何效用，便容易达到一致。当涉及到了解如何证明一个定理时，数学家从未发生争论。但是，在这里涉及某些截然不同的东西。在道德领域内，借助于推理方法工作是白费气力，在这样一些问题上，没有我们不能够反驳的推理。

必须向遭受挫败的士兵进行解释，即使挫败将威胁到个人安全。他总是能够回答，如果其他人进行战斗，他的个人安全将更有保证。如果士兵不这样回答，那是因为受到某些压制所有论证的力量的促动。我们需要的力量就像那一种力量。现在，人类的心灵是力量的永不枯竭的存储器，是动力的多产的源泉、丰富的源泉。我们的情感就是这种动力。可以这样说，道德学家为这些力量开辟道路,把它们引导到适当的方向,正如工程师制服自然的能源,使它们满足工业的需要一样。

　　但是——而这就是引起差别的地方——为了使同样的机器作功,工程师可以利用蒸汽,也可以利用水力。道德学教授也是这样,他们将能够依其所好使这种或那种心理力量起作用。他们中的每一个人将自然而然地选择他自身感觉到的力量;关于这些力量,他能够从外部得到它们,或者他能够从他的朋友那里借得,他将笨拙地使用这些力量。在他的手里,这些力量将是无生气的、无成效的;他将放弃它们,他是正确的。这是因为,他们的武器是各式各样的,从而他们的方法必然也是形形色色的。他们为什么会相互之间妒忌呢?

　　在此期间,所教导的总是相同的道德。不管你追求普遍的福利,还是你求助于同情或人类尊严的意识,你总将以同样的格言告终。在国家没有消亡,同时没有增加苦难和人类没有开始衰落的情况下,这些格言是不能被忘记的。

　　因此,所有这些用不同的武器和相同的敌人战斗的人很少记得他们是同盟军,这是为什么呢? 一些人为什么偶尔为别人的挫败而幸灾乐祸呢? 他们难道忘记了,这每一次失败都是永恒的敌手的胜利,是共同遗产的减少? 哦,不,我们大大需要我们所有的能够忽略任何东西的力量;因此,我们一个也不拒绝,我们只谴责憎恨。

　　确实,憎恨也是一种力量,一种十分强有力的力量;但是我们不可能利用它,因为它使每一种事物显得更为渺小,因为它像只能使用大端的观剧镜一样。甚至无论在哪个民族中,憎恨都是极坏的;创造真正英雄的并不是憎恨。我不知道,是否可以认为,在超越某些国界的情况下,借助于憎恨有利于激发爱国热忱,可是这与我们民族的本能和它的传统格格不入。法国军队总是为一些人或一些事而战斗,并不反对任何人。他们也很好地为所有的一切而战斗。

如果在国内事务中,如果各个政党忘记了曾经是他们的荣誉和他们生存的正当理由的伟大思想,而只是回忆他们的憎恨;如果一个人说:"我反对这",而另一个人回答说"我反对那",那么眼界立即就变狭窄了,犹如乌云由远而近,遮蔽了一切。最邪恶的手段被使用;他们既不减少使用诽谤中伤,也不减少利用告密诬陷,那些为此感到诧异的人变得疑心重重。我们看到这样的人飞黄腾达,他们似乎只具有足够的智力去说谎,只具有充分的心情去憎恨。他们绝非是普通的人,无论他们多么巧妙地隐蔽在同一旗帜下,他们也要为自己放弃着迷的、偶尔钦羡的珍宝。考虑到这种相反的憎恨,我们希望他们失败,他们的失败便是其他人的胜利。

憎恨是有这一切能力的,这恰恰正是我们所不希望的。因此,为了追求共同的理想,让我们和睦相处吧,让我们学会彼此谅解吧,让我们以那样的方式学会相互尊重吧,让我们防止把相同的方法强加给一切吧;这是不可能实现的,而且不是值得想望的。一律就是死亡,因为它对于一切进步都是一扇紧闭着的大门;而且所有的强制都是毫无成果和令人憎恶的。

人是形形色色的;一些人是倔强的;他们会因一句话而激动起来,而对其他一切则漠不关心。我无法知道,这句关键性的话是否是你将要说的话,要不我会制止你去说它的!……可是,你看到危险:那些没有接受同一教育的人不能不在生活中发生冲突;作为这些反复冲突的结果,他们的心灵将被扰乱和改变;也许他们将改变信念。如果他们采纳的新观念是他们以前的老师恰恰作为道德的否定而传输给他们的,那将会发生什么呢? 这种智力习惯在某一天能够失去吗? 同时,他们的新朋友将不仅教导他们排斥曾经崇拜的东西,而且甚至蔑视它。他们将不保留对他们心灵产生影响的高尚的观念,这将使比信念更久长的记忆变脆弱。他们的道德观念在这一普遍的崩溃中有遭到覆灭的危险。他们年纪太大了,无法受新教育,他们将失去旧事物的成果!

如果我们学会对那些与我们并肩工作的人的一切真诚努力表示敬意,那么这种危险便会被防止或至少被减小。如果我们相互之间更充分地了解,那么这种尊敬会是很容易的。

这恰恰是道德教育联盟的目标。今天的会议,你们刚刚听到的讲演充分证明,有可能具有一种强烈的信念,有可能为我们的朋友的信念提出正当的理由,当一切都被说了和做了的时候,虽然我们的军装是不同的,但是可以说,我们只是同一军队的并肩战斗的不同兵种。

索　　引

（以下数码为原书页码,本书边码）

Abraham　亚伯拉罕　89

absorption of radiation　辐射的吸收,78,
86,87

action quanta of　作用量子,83 及其后

amorphous space　无定形空间,27

Ampère,André Marie　安培,昂德累・马
里,93

analysis situs　拓扑学,25 及其后,42 及
其后

analytic curve　解析曲线,14

antinomies　悖论,45,50,61,63,73,74

Aristotle　亚里士多德,106

arithmetization of mathematics　数学的算
术化,29

attraction of molecules　分子引力,22

axes 坐标轴,19 及其后,41

axiom　公理
　of order　次序公理,42,43
　of reducibility　可约性公理,52 及其后

Balmer,Johann Jakob　巴耳末,约翰・雅
科布,92

Bergson,Henri　柏格森,昂利,18

Bergsonian world　柏格森的世界,14

black radiation　黑体辐射,78,80,95,98,
99

Boutroux,Étienne Émile Marie　布特鲁,
艾蒂安・埃米尔・马里,1

Brownian movement，布朗运动,90

calculus of probability　概率计算,10

Cantor,Georg　康托尔,格奥尔格,28,56,
61,62

Cantorians　康托尔主义者, 66 及其后,
72 及其后

Carnot's principle　卡诺原理,8,77,79,
81

centrifugal force　离心力,19

chance　偶然性(机遇)8,77,81

classifications　分类,45 及其后,58

collisions　碰撞,76,78,81,83,87,88,97

comprehension　内涵,67

continuum　连续统,25—44,85,86,88

contradictions　矛盾,45,69

convergence　会聚,收敛
　of causes　原因的会聚 6
　of series　级数收敛,66

coordinates　坐标,18,20,21,23,27,28,
37,39,40,48

correspondence　对应,28,49,62,68

Curie,P. 居里,93

curve,analytic　解析曲线,14

cuts　截量,28 及其后,43

cyanogen　氰,94

Darwinians　达尔文主义者,111

Debierne, André Louis 德比尔纳,安德烈·路易斯,95

definite 确定的,59,60

definition by postulates 用公设来定义,69

deformation 形变,25,27,28,76

degrees of freedom 自由度,76 及其后,90,92,94 及其后

Democritus 德谟克利特,91

determinism 决定论,112,113

dimensions 维,29 及其后,34,37 及其后,43

displaccment 位移,16

distance 距离,25. 27,32,40

domains of probability 概率域,85

Doppler-Fizeau principle 多普勒-斐索原理,81,83,87,97

Dolong, Pierre Louis 杜隆,皮埃尔·路易斯,95

dynamics 动力学,22,75,77,85

Einstein, Albert 爱因斯坦,阿尔伯特,99

elements 元素 30,32

energy 能量

quanta of 能量子,79,80

radiant 辐射能,81

ensemble 集,57

entropy 熵,96,99

Ephešus, Sleepers of 以弗所睡眠者,12

Epimenides 爱皮梅尼特,51,54

equilibrium 平衡,22,76 及其后,94

equipartition of energy, principle of 能量均分原理,76,77,79,83,94,95,97,100,101

ether 以太,75,78,86,88,89 及其后

ethics 伦理学,102—113,114,115

Euclid 欧几里得,26,53

Evellin 伊夫琳,73

evolution of lawš 规律的演变,1—14

exciters, Hertzian 赫兹激磁机,82

extension 外延,67

Fechner, Gustav Theodor 费希约,古斯塔夫·特奥多尔,30,33

Foucault, Jean Bernard Léon 傅科,让·贝尔纳·莱昂,19

Fouillée, Alfred jules Émile 富那,阿尔弗雷德·朱尔·埃米尔,113

freedom degrees of 自由度,76 及其后,90,92,94 及其后

French League of Moral Education 法国道德教育联盟,114,117

French society of Physics 法国物理学会,89

geometry 几何学,15,17,22,23,25 及其后,33,43,44

group 群,27

of Lorentz 洛伦兹群,23

Hamilton's equations 哈密顿方程,77,79,81,84,85

Hermite, Charles 埃尔米特,查理士,73,74

Hertzian excitcr 赫兹激磁机,82

Hertzian resonator 赫兹谐振子,80,92

Hertzian waves 赫兹波,80

hierarchy of types 类型谱系,51

Hilbert, David 希尔伯特,达维德,42,55

immutability principle of 不可变原理,12

induction 感应,9,53,60

infinity 无限,45—64,65,72

interferences phenomenon of 干涉现象,82,83

intuition 直觉,26,27,29,42—44

isomorphism 同构,42

Jacobi,Karl Gustav Jacob 雅科毕,卡尔·古斯塔夫·雅科布,97

Jeans,James 金斯,詹姆斯,79

jumps 跳跃,80,84,95

Kaiser 凯泽,92

Kantian antinomies 康德的二律背反,73

kinetic theory of gases 气体运动论,10,40,76,77,90

König 柯尼希,52

Lalande 拉朗德,7

laws 定律,规律

  empirical 经验定律,6

  evolution of 规律的演变,1—14

  immutability of 规律的不变性,3,5,12

  molecular 分子规律,10,12

  of dynamics 动力学定律,12

  of mechanics 力学定律,12

  of nature 自然规律,1 及其后,9,76,105

  of thermodynamics 热力学定律,5

  Physical 物理学定律,1,9

Leverrier 勒维烈,3

logic 逻辑,27,45,65—74

Lorentz 洛伦兹,15,23,75,99

Liouville,Joseph 刘维尔,约瑟夫,84

magnetism 磁,83,92

magneton 磁子,83,92,93

Mariotte's law 马利奥特定律,10

Maxwell,James Clerk 麦克斯韦,詹姆斯·克拉克,83

mechanics 力学,15,21,24,75,81,89

Menge(n) 集,56—60

molecules 分子,10,12,22,76 及其后,86,90

morality 道德,参见 ethics(伦理学)

motion 运动,34—39,75

movement 动作,运动,15,16,22,35 及其后

natural philosophy 自然哲学,75

Nature,law of 自然规律,1 及其后,9,76,105

Newton,Isaac 牛顿,艾萨克,3,75

non-predicative 非断言的

  classifications 非断言的分类,47,63

  definitions 非断言的定义,51

Nullmenge(n) 空集,57

numbers 数

  cardinal 基数,49,50,60,62,68

  finite 有限数,46,52,55,58,62

  ordinal 序数,52,62

observation direct 直接观察,9,10

order axiom of 次序公理,42,43

parallelism of phenomena 现象的平行关系,40—42,90

Paralogism 不合逻辑的推论,61

Parameters 参数,85

Perpetual motion 永恒运动,77

Perrin,Jean Baptiste 佩兰,让·巴蒂斯特,90

Perturbations 扰动,93,94

Petit,Alexis Thérèse 珀替,亚里克西·泰雷兹,95

Physics 物理学,9,23,39,41

Planck,Max 普朗克,麦克斯,79—88,95,97,98,100

Plato 柏拉图,73

pragmatists 实用主义者,66 及其后,72 及其后

Predicative 断言的

  classification 断言的分类,47,48,63

collection 断言的选择,58

correspondence 断言的对应,49,59,62

fuction 断言函项,53

probability 概率,几率,76,84

domains of 概率域,85

quanta 量子

of action 作用量子,83 及其后

of energy 能量量子,79,80

quantum theory 量子论,75—88,95

radiat 辐射的

body 辐射体,80

energy 辐射能,81

radiation 辐射,11,78,79,83,87,95,97

black 黑体辐射,78,80,95,98,99

radium 镭,12,90

Rayleigh Lord 瑞利勋爵,79,95,96,100

recurrence 递归,55

recurrent 递归的

classes 递归类,51,52,54

properties 递归性质,51

reducibility axiom of 可约性公理,52 及其后

relativity 相对性,15,18 及其后,75,100

physical 物理的相对性,18

psychological 心理的相对性,18

resonators 谐振子,80 及其后,92,95 及其后

resultants 结果,10,12

Richard's paradox 理查德的悖论,60

Riemann, Georg Friedrich Bernhard 黎曼,格奥尔格·弗里德里希·伯恩哈德,26,30

Ritz 里兹,92,93

Runge, Carl David Tolmé 龙格,卡尔·达维德·托尔米,92

Russell, Bertrand 罗素,伯特兰,45,50

及其后,59,63,64

Rydberg 里德伯,92

scholastics 经院哲学,48,76

sensations 感觉,15,16,30 及其后,44

senses 感官,31—34,40,43

series 系列,级数,32,35,66

Sirius 天狼星,18,19

Sommerfeld 索末菲,87,88

space 空间,15—24,25—44

spatialization 空间化,18

specific heat 比热,77,79,80,94,95

statistical equilibrium 统计平衡,76 及其后

theory of ordinals 序数理论,63

thermodynamics 热力学,5,76—78,79,94

thermometry 温度计,11

time 时间,13,15—24

transformation 变换,22,23,25,41,42,84,93

types, hierarchy of 类型谱系,51

untermenge(n) 子集,57

variables 变量,20

virial, theorem of the 维里定理,78

vivisection 活体解剖,107

wave lengths, 波长 78,79,97,99

Wave, Hertzian 赫兹波,80

Weiss, Pierre 外斯,皮埃尔,92,93

Wien, Wilhelm 维恩,威廉,81,214

Zermelo, Ernst Friedrich Ferdinand 策默罗,恩斯特·弗里德里希·费迪南德,55—60,63,67

彭加勒——理性科学的"智多星"*

李醒民

> 人生就是持续的斗争；……如果我们偶尔享受到相对的宁静，那正是因为我们的先辈顽强斗争的结果。如果我们的精力、我们的警惕松懈片刻，我们就将失去先辈为我们赢得的斗争成果。
>
> ——H. 彭加勒

> 人的伟大之处在于有知识，人要是不学无术，就会变得渺小卑微，这就是为什么对科学感兴趣是神圣的。
>
> ——H. 彭加勒

19 世纪末、20 世纪初，是经典科学向现代科学转变的伟大时代，这个伟大的时代造就了伟大的科学巨人和哲学巨人，朱尔·昂利·彭加勒（Jules Henri Poincaré，1854～1912）就是这个伟大时代的最伟大的科学和哲学巨人之一。

彭加勒是一位卓越的数学家，是世纪之交的数学领袖，他在数

---

* 原载李醒民：彭加勒——理性科学的"智多星"，《科学巨星》丛书 5，西安：陕西人民教育出版社，1995 年第 1 版，第 1～43 页。彭加勒的四本科学哲学著作《科学与假设》、《科学的价值》、《科学与方法》、《最后的沉思》列入"汉译世界学术名著丛书"，已由商务印书馆出版。

学的几乎所有领域都做出了开创性的贡献,是对数学及其应用具有雄观全局能力的最后一个人;他开拓的研究方向和课题有些至今仍是数学家关注的热点。彭加勒也是一位著名的天文学家,他充分发挥了他的数学才能,设计出天体力学研究的新方法,开辟了理论天文学的新纪元。彭加勒还是一位第一流的物理学大师,他对经典物理学做出了重大贡献,对物理学基础有深刻而敏锐的洞察,他是首屈一指的相对论的先驱。彭加勒亦是一位颇有造诣的科学哲学家,他行动在当代许多科学哲学问题之先,率先表达了现代科学的哲学意向。他的经验约定论(empirio-conventionalism)富有独创和新意,既在"科学破产"的声浪中为科学的客观性、合理性、进步性谋求了地盘,又充当了现代科学诞生的助产士。他的综合科学实在论(synthetic scientific realism)厚积薄发,集思广益,又融入自己的理性的沉思,显得丰厚而圆融。他关于科学美和数学发明心理机制的论述妙语连珠、博大精深。他在哲学史上占有不可磨灭的地位,是逻辑经验论的始祖之一,是经典科学哲学向现代科学哲学过渡的桥梁。可以毫不夸张地说,彭加勒是理性科学的"智多星"。

　　彭加勒就这样以其出众的才华、渊博的学识、广泛的研究、杰出的贡献和深刻的思想而遐迩闻名,赢得上辈人、同代人和后来人的钦佩和赞誉。人们纷纷称颂彭加勒这位本世纪初唯一留下的全才。英国数学家西尔威斯特(J. J. Sylvester,1814~1897)在1885年谈到他对彭加勒的印象时说:"当我最近访问彭加勒时,……在他的不可遏止的非凡智力面前,我的舌头一开始就不听使唤了。直到过了些时间(可能是两三分钟),当我全神贯注地注视着他那充满青春活力的仪容时,我才找到说话的机会。"法国政治家、哲学家、航空学家和数学家保罗·潘勒韦(Paul Painlevé,1863～1933)称彭加勒是"理性科学的活跃智囊"。美国著名科学史家、《伊西斯》(*ISIS*)杂志创办人萨顿(G. Sarton,1884～1956)在 1910 年的日记中表明,他试图在大学找到职位之前,有意"成为昂利·彭加勒的学生,因为他是我们这个时代最有智慧的人物"。进化论创立者达尔文的儿子、英国数学家和天文学家乔治·达尔文爵士(Sir George Darwin,1845～1912)在提到彭加勒对他的影响时说:"他必须被看做是起统帅作用的天才人物,或者也许可以说,他是我的守护神。"

一、走自己的生活道路

　　1854 年 4 月 29 日,昂利·彭加勒出生在法国南锡。他的祖父曾在拿破仑军队中供职,隶属于圣康坦部队医院。1817 年,祖父在鲁昂定居,并结婚成家,后有两个儿子。大儿子莱昂·彭加勒(Leon Poincaré)生于 1828 年,是一位第一流的生理学家兼医生、南锡医科大学教授,因精湛的医术和高尚的医德博得人们的尊敬和爱戴。二儿子安托万·彭加勒(Antoine Poincaré),曾升迁为国家道路桥梁部的检察官。

　　莱昂的妻子是一个善良、机敏、聪明的女性,她生有一子一女,儿子就是后来成为伟大科学家的昂利·彭加勒。安托万有两个儿子。一个是昂利的堂弟雷蒙·彭加勒(Raymond Poincaré,1860～

1934)，他曾于 1912 年、1922 年和 1926 年几度组阁，出任总理兼外交部部长，1913 年 1 月至 1920 年初，荣任法兰西第三共和国第九届总统。安托万的另一个儿子吕西安·彭加勒（Lucien Poincaré）是中等教育局局长，并在大学担任高级行政职务。昂利就是这个显赫的彭加勒家族中的成员。

据说，昂利不喜欢 Poincaré 这个姓。因为在法语中，Point 是"点"的意思，而 Carré 是意为"正方形"或"平方"的名词、形容词。在这位著名的数学家看来，Poincaré 意味着"点的平方"，这显然是毫无意义的。可是，有人认为，Caré 是 quarré 的后缀，法国古诗中有"挥起正方形的拳头（poing quarré）……"这样的句子，Poincaré 这个姓也许由此而来。

从彭加勒家庭成员的显赫名单中，人们也许会想，昂利·彭加勒可能会显示出某些行政管理才能。可是出乎预料的是，他除了在童年时代和妹妹以及其他小朋友做政治游戏时做过"高官"外，从未表现出这方面的能耐。在这些政治游戏中，他总是秉公办事、合理待人，他的每一个伙伴都能从他的"衙门"获取应得的报偿。俗话说，从小看大，三岁看老。昂利·彭加勒后来没有像雷蒙那样成为显赫一时的政治家，但却是一位诚实、正直、严肃的科学家。

昂利·彭加勒的童年是不幸的。在幼儿时，他的运动神经共济官能就缺乏协调。他的两手后来虽说都能写字画图，但他的字和画都不好看。乍看起来，他也没有什么超人的天才，这可由一件趣闻佐证。当他后来被公认是他所处时代的第一流数学家时，他接受了比内（A. Binet，1857～1911，法国心理学家）试验，结果他被断定是一个笨人。由于在他的孩提时代，母亲把全部心血倾注到子女的教育上，所以他的智力发展较快，很早就学会了讲话。不过开始也不大顺利，他思考得很快，而迟迟找不到要说的恰当词语。

五岁时，白喉病把他折磨了整整九个月，从此留下了喉头麻痹症。这次疾病使得他长时期身体虚弱，缺乏自信。他无法和小伙伴们作粗野的游戏了，只好另找娱乐。

他的主要娱乐是读书，在这个广阔的天地里，他的天资通过锻炼逐渐显露出来。当他六七岁时，他们家的一位好朋友，初级检查员安泽兰（M. Hinzelin）经常给他介绍有关基础知识方面的书，也每每提问题让他思考，从而激发了他的强烈的求知欲。大约从七八岁时起，他对博物学产生了兴趣，《大洪水前的地球》一书给他留下了深刻的印象。他读书速度之快令人难以置信，而且过目不忘，往往能说出哪页哪行讲了些什么。他在自己的一生中都保持着这种视觉记忆（空间记忆）能力。他的时间记忆——以不可思议的准确性回忆往事——能力也非常强。大多数数学家好像通常通过眼睛看来记忆公式和定理，彭加勒视力极差，他上课时看不见老师在黑板上写的东西，也不好记笔记，全凭耳朵听，这大大增进了他的听觉记忆能力。到后来，他在头脑中能够完成复杂的数学运算，他能够迅速地写出一篇论文而无需大改。人们对此觉得不可理解，在他看来，这却是自然而然的。这种"内在的眼睛"大大有益于他的工作，因为抽象的数学研究正需要丰富的想象和敏锐的直觉。

幼年的残疾弄得他手指不大听使唤，从而妨碍实验技巧的训练。尽管他后来教过实验物理学课程，也掌握了一些实验技能，但总的说来比较逊色，这也是他后来主要从事理论研究的原因。有人说,假使他在实验科学方面和在理论科学方面的兴趣一样强烈的话,他也许会成为与牛顿相媲美的人。

　　彭加勒十分喜爱动物。他初次玩来复枪时,无意中射死了一只小鸟。他为此深感内疚,此后再也不愿摸枪支了(除在战争期间强制进行的军事训练而外)。九岁时,他写了一篇出色的作文。法文老师认为,彭加勒的作文在形式和内容方面都有独创性,它是一篇"小杰作"。这篇作文表明,彭加勒将来会成为一个有出息、有成就的人。

　　彭加勒在初等学校的学业成绩是优秀的。但是,他并没有一天到晚趴在桌子上死啃书本,像其他孩子一样,他也乐于游戏和玩耍。他喜欢跳舞,还自编自演过一出诗剧。功课对他来说就像呼吸一样容易,他把许多时间用来娱乐和帮母亲干活。从小时候起,彭加勒就具有"心不在焉"的性格:他每每忘记吃饭,几乎从未记清他是否吃过早餐。这种性格直到成年也未改观,比如离开旅馆时,他有时便稀里糊涂地把房间的台布、床单之类的小物件卷进自己的行李中。

　　在十五岁前后,奇妙的数学紧紧地扣住了彭加勒的心弦。一开始,他就显示出终生的怪癖:当他不停地来回踱步时,那正是在聚精会神地思考数学问题;只有彻底想好了,他才把结果记在纸上。他工作时,各种外界干扰对他来说毫无影响。有一次,一位芬兰数学家长途跋涉到巴黎与彭加勒商讨问题,当女仆告诉彭加勒有客来访时,他似乎没有听到,还在继续来回踱步,整整踱了三个钟头。其实,彭加勒这种工作专注的特点是从小就养成的。勒邦(G. Le Bon,1841~1931,法国社会心理学家)谈到这一点时说:

"彭加勒对数学有高度的直觉,在南锡大学附校,他的同学就为此感到震惊。……从在附校第一年起,彭加勒就有他的工作方法。他强使自己坐在学习桌旁,无论是嘈杂声还是谈话都不会扰乱他的思考。要使思想集中于一个问题,他不需要其他帮助,只要逻辑思维充满他的头脑就行了。"

1870 年,普法战争爆发了,当时彭加勒才十六岁,他年幼体弱,没有服兵役,可是也经受了风险。德国侵略者占领了他的家乡南锡,他在战地巡回医院协助父亲工作。后来,他和妹妹随母亲到阿兰瑟的外婆家去,他童年时代最幸福的日子就是在那里度过的。他还清楚地记得,在阿兰瑟的公园里,他曾和妹妹跟年龄相仿的表兄弟、表姊妹一块儿玩耍,同他们一起跳舞、游戏、猜字谜,他总是扮演活跃的喜剧角色,逗得他们笑得前仰后合。可是,现在的阿兰瑟却距圣普里瓦战场不远。母子三人忍饥挨饿,在滴水成冰的天气里越过一个个沦为焦土的村镇。到达目的地,映入他们眼帘的只有残垣颓壁,侵略者的铁蹄蹂躏了美好的家园。敌人的兽行促使彭加勒终生成为一位热情的爱国主义者。但是,他从来也没有把敌国的数学和敌国军队的野蛮行径混同起来。正像他的老师、法国数学家埃尔米特(C. Hermite,1822～1901)没有反对德国数学家高斯(C. F. Gauss,1777～1855)一样,彭加勒也从未敌视过德国数学家库默(E. Kummer,1810～1893)。可是,彭加勒的堂弟雷蒙却迥然不同。每当雷蒙提起德国人时,总是伴随着憎恨的尖叫声。在战争期间,彭加勒为了听懂德国兵的交谈和阅读德文报纸,他通过自学掌握了德语。

按照法国通常的习惯,彭加勒在十七岁(1871 年)进入专业训练之前接受了首次学位(文学和理学学士)考试。在考数学时,他由于迟到而心神不安,连证明收敛几何级数求和公式的简单试题都做错了。由于平时成绩优秀,他还是在数学不及格的情况下通过了学位考试。主考人说:"彭加勒是一个例外,若是其他任何学生,无论如何也不会被录取。"

彭加勒进入福雷斯学校学习,在没有记一页课堂笔记的情况下赢得了一次数学奖金,这使他的同学惊讶不已。他们原以为彭加勒是个吊儿郎当的人,便闹了个恶作剧,哄骗他代表四年级学生参加数学竞赛,解一个十分难对付的数学题。彭加勒似乎没有怎么思考就直接写出了答案,然后扬长而去。那些垂头丧气的戏弄者还在纳闷:"他究竟是怎样做出来的?"在彭加勒的整个一生中,其他人经常询问同样的问题。的确,当一个数学难题摆在他面前时,他的答案就像刚刚离弦的箭一样迅疾飞来。

1871年底,彭加勒进入巴黎理工学校深造。据说,在入学考试时,一位主考人得知彭加勒是"数学巨怪",故意把考试推迟了三刻钟,想用一个经过精心推敲的试题难倒他。结果,彭加勒回答得很出色,得到最高分数。尽管他在数学上名列前茅,但体育成绩很不好,绘画得了零分。按当时的规定,零分意味着淘汰。主考人熟知他的情况,还是破例录取了他。

彭加勒1875年从巴黎理工学校毕业,其时二十一岁,他接着到矿业学校学习,打算做一名工程师。他满怀信心地攻读工程技术课程,一有闲空,就劲头十足地钻研数学,并在微分方程一般解的问题上初露锋芒。1878年,他向巴黎科学院提交了这个课题的"异乎寻常"的论文,为此于第二年8月1日得到了数学博士学位。

彭加勒并非命中注定要成为一个矿业工程师,但是在见习期间,他却表现出一个真正的工程师的勇气。在一次矿井爆炸时,他奋不顾身地冲进巷道,去营救十六个遇难的同事,为此深得矿工的信赖。然而,这个职业与他的志趣不相投,他想做一个职业数学家。得到博士学位后不久(12 月 1 日),他应聘到卡昂大学担任数学分析教师。两年后,他升迁到巴黎大学做教授,讲授力学和实验物理学等课程。除了在欧洲参加科学会议和 1904 年应邀到美国圣路易斯博览会讲演外,他一生的其余时间都是在巴黎作为法国数学界乃至世界数学界的领袖而度过的。

二、雄观全局的数学领袖

1789 年的法国大革命,推翻了成为社会发展桎梏的封建制度和专制政体,促进了科学的发展,使法国在 18 世纪末和 19 世纪初取代英国,一跃而成为世界的科学中心。在这里,只需提一下拉格朗日(J. Lagrange, 1736～1813)、蒙日(G. Monge, 1746～1818)、拉普拉斯(P. S. Laplace, 1749～1827)、傅里叶(J. B. J. Fourier, 1768～1830)、柯西(A. L. Cauchy, 1789～1857)等著名数学家的名字就可想而知法国科学的盛况了。可是,由于启蒙主义在德国的活跃和以普鲁士为中心的各诸侯国的统一,德国在世界舞台上崭露头角,后来居上,在 19 世纪后半期夺得科学的主导权。尽管如此,由于彭加勒等人的继往开来,仍然使法国有能力自立于世界科学之林。彭加勒被认为是 19 世纪最后四分之一和 20 世纪初期的数学主宰,并且是对数学和它的应用具有全面知识的、雄观全局的最后一位大师。要知道,当时的许多数学分支都变成封闭的体系,它们各有其特殊的术语和专门的研究方法,要同时跨越几个领域实在不易,要做个通才,更是难上加难。可是,彭加勒就是这样的通才,人们公认他是堪与高斯相媲美的大数学家。

在彭加勒出生后的第二年,高斯就去世了。高斯是德国著名的数学家,被誉为"数学家之王"。他的研究遍及所有数学部门,也是非欧几何学的创始人之一。可以说,19世纪数学的发展一开始就在数学巨人高斯身影的覆盖之下,而后来却在同样一位数学大师彭加勒的支配之中。他们两人是最高意义上的广博的数学家,并且都在物理学和天文学上做出重要贡献。事实上,彭加勒在数学的四个主要部门——算术、代数、几何、分析——中的成就都是开创性的。洛夫(Love)在评价彭加勒的科学成就时说过:"他的权威现在已被公认,他能够进入所有时代最伟大的数学家行列之中,未来的几代人将不可能修改这一论断。"

彭加勒的首次成功是在微分方程理论方面,他的论文题目是"关于微分方程所定义的函数的性质"。这项工作完成于1876年11月,其时他只有二十二岁。1878年,他又完成了同一课题的又一篇论文"自变量为任意个数的偏导数方程的积分",它涉及更加困难、更加普遍的问题。这篇博士论文又一次显示了彭加勒卓越的数学才能。论文评审人认为,论文是异乎寻常的,它包含着足以向几篇好论文提供材料的结果,完全值得接受。对于常微分方程的研究促使彭加勒从事超越函数新类系即自守函数的探讨,自守函数是椭圆函数的推广。彭加勒把自己发现的一类自守函数命名为富克斯函数。克莱因(F. Klein,1849~1925)倒是考虑过所谓的富克斯函数,但是富克斯(L. Fuchs,1833～1902)从来没有考虑它,为此克莱因就优先权问题向彭加勒提出抗议。彭加勒的应答是诙谐而俏皮的——他把自己紧接着发现的一类自守函数命名为克莱因函数,因为这类函数正像有人所幽默地注视的,克莱因从来也未想到过。

1884 年,彭加勒在《数学学报》前五卷发表了关于自守函数的五篇重要论文,这一划时代的发现使不到三十岁的彭加勒闻名于世。从此,他一生事业的魔杖被抓住了,阿拉丁的神灯*被擦亮了。可是,当这组论文的第一篇发表时,德国数学家克罗内克(L. Kronecker,1823～1891)却警告编辑说,这篇不成熟的和隐晦的论文会把期刊扼杀掉。

自守函数的研究和微分方程定性理论的研究一样,促使彭加勒重视拓扑学。1887 年,三十三岁的彭加勒被选入巴黎科学院,像这样年轻的新人进入科学院实属罕见。大多数数学家在签署意见时认为,彭加勒的工作成就超过了通常的赞扬,这必然使我们想起雅科毕(C. G. J. Jacobi,1804～1851)描述阿贝尔(N. Abel,1802～1829)的情况——他解决了在他之前未曾设想过的问题。事实上必须承认,由于椭圆函数的成功,我们正在目睹数学领域里的一次革命,这次革命在每一个方面都可以和半个世纪前出现的革命相比较。

彭加勒说过,数学家具有两种截然相反的倾向。有的人具有

----

　　* Aladdin's lamp. 阿拉丁是阿拉伯神话《天方夜谭》中寻获神灯与魔指环的青年,阿拉丁的神灯即如意神灯,此灯可使持有者百事如意。

不断扩张版图的兴趣,在攻克某个难题后,便抛开这个问题,急着出发进行新的远征。另外的人则专心致志地围绕着这个问题,从中引出所有能够引出的结果。前者像一个乘汽车的旅行家,后者则像一个徒步游客。彭加勒本人就是这样一个在数学新版图上乘车驰骋的旅行家。法国数学家、彭加勒的传记作家达布(G. Darboux,1842～1917)谈到彭加勒这一特点时说:"他一旦达到绝顶,便不走回头路。他乐于迎击困难,而把沿着既定的宽阔大道前进、肯定更容易到达终点的工作留给他人。"彭加勒属于库恩(T. Kuhn,1922～1996)所说的发散式思维的科学家。对于一个科学开拓者来说,这的确是不可或缺的素质。

就这样,彭加勒接二连三地出击,雄心勃勃地进行新的征服。他在函数论、组合拓扑学(代数拓扑学)、代数学、微分方程和积分方程理论、代数几何学、发散级数理论、数论、概率论、位势论、数学基础等方面都作出了开创性的贡献,成为后继者拓展和深究的课题,有些至今仍具有诱人的魅力。* 在数学研究的众多领域中,彭加勒永远走在前面。新问题等待着他,他没有时间仔细琢磨已被攻克的旧问题,不愿把精力花在那些细枝末节的小问题上,修正、拓广他做过的东西不是他的职责。维托·沃尔泰拉(Vito Volterra)在评价彭加勒这一工作作风时说:对彭加勒而言,"整体即是一切,无所谓细节。"在这方面,彭加勒与高斯迥然不同。高斯的研究成果发表的较少,因为他不管做什么工作,都要琢磨修饰:既要求

---

*　关于这方面的内容相当艰深,一般人实在难以领悟,我们不拟在此赘言,有兴趣的读者可参阅 Jean Dieudonrxé, Henri Poincaré, C. C. Gillispie ed., *Dictionary of Scientific Biography*, Vol. xI, pp. 51～61.

完美,又要求他的证明达到最大限度的简明而不失严密性。关于非欧几何,他没有发表过权威性的著作。可是,彭加勒却是一位性急而多产的科学家。他甚至说过,他从未发表过一篇既不后悔它的内容、也不后悔它的形式的论文——这当然也有严于律己的意思。不过,他们二人有一点则是共同的:他们都没有几个学生,而且都喜欢独自一人工作。

在数学哲学和数学创造的心理学方面,彭加勒也进行了有意义的探索,发表了富有启发性的看法。彭加勒巨大的权威性,他的文体的优美,以及他打破传统的思想,使他的著作超出范围有限的数学界。有的传记作家估计,他的作品有五十万读者,创造了数学界的空前纪录。

三、开辟了天文学研究的新纪元

自牛顿以来,天文学向数学家提出了许多问题。直到 19 世纪之前,天文学家在处理天文学问题时所用的武器,实际上是牛顿(I. Newton,1642～1727)、欧拉(L. Euler,1707～1783)、拉格朗日和拉普拉斯所发明的武器的改良。但是,从 19 世纪开始,柯西发展了复变函数论,他本人和其他人对无穷级数收敛问题进行了研究,天文学的武库通过数学家的努力正在扩充起来。对于彭加勒来说,他很自然地想到自己的解析学,他把这种从未运用过的数学新武器用来进攻天文学。他所发动的战役在当时是如此现代化,以至在四十多年后,还没有几个人能够掌握他的锐利武器。

在 19 世纪,法国在理论物理学和其他学科方面失去霸主地位,但在理论天文学方面仍然领先一步。彭加勒是这一光荣传统的继承人,他站在他的同胞克莱劳(A. Clairaut, 1713~1765)、拉普拉斯、勒维烈(U. Le Verrier, 1811~1877)这些天文学巨人的肩上,当然会看得更远一些。他的主要工作有三个方面:旋转流体的平衡形状(1885),太阳系的稳定性即 n 体问题(1899),太阳系的起源(1911)。

彭加勒对第一个问题的兴趣是被威廉·汤姆孙(William Thomson)即开耳芬勋爵(Lord Kelvin, 1824~1907)和泰特(P. G. Tait, 1831~1901)的《论自然哲学》一书中的一节激起的。此外,他在讲授流体力学时也对标准教材中关于旋转流体的处理感到不满。

在 1885 年发表的长篇论文中,彭加勒讨论了由雅科毕椭球体派生出来的、角动量渐增的新体系的平衡形状,这种形状后来称为梨形。彭加勒定性地描述说:让我们设想一个因冷却而收缩的旋转流体,但是它慢到足以保持均匀,并且在旋转时,它的所有部分都是相同的。起初,它们是十分近似的球形,逐渐变成旋转椭球,旋转椭球会越来越扁。接着在某一瞬间,它将变为三个轴不等的椭球。后来,图形将不再是椭球,而变成梨形,直到最后图形腰部越来越凹进,分裂成两个独立的、不等的物体。彭加勒认为,这种体系演化的下一个阶段可能是一大一小彼此绕着旋转的两个天体的平衡状态;该假设肯定不能用于太阳系,某些双星必然会呈现出这样的过渡形式。后来,俄国数学家李亚普诺夫(A. M. Lyapunov, 1859~1924)和英国天文学家金斯(J. Jeans, 1877~1946)分别在 1905 年和 1915 年证明:梨形是不稳定的。现在,有些人不再相信,彭加勒的梨形能在宇宙演化中起任何作用。但是,至今仍然有人研究,流质经过旋转不稳定后发生的分裂可能导致形成双星体系,甚至有人认为地球也是梨形,因而彭加勒处理问题的一般方法也许可能再度得势。

彭加勒在天文学上的最大成功表现在对"n 体问题"的处理上,这是瑞典国王奥斯卡二世(Oscar Ⅱ,1872～1907)在 1887 年提出的悬赏问题。设 n 个质点以任意方式分布在空间中,所有质点的质量、初始运动和相互距离在给定的时刻假定都是已知的。如果它们之间按照牛顿万有引力定律相吸引,那么在任何时刻,它们的位置和运动(速度)怎样呢? 对于数学天文学来说,一群星系中的每个恒星都可以视为这样的质点,于是 n 体问题就相当于今后天空的情况将是什么样子,假使我们有足够的观察资料描述目前天空的普遍结构的话。显然,这个天文学问题不仅具有数学特色,而且具有物理学特色。

关于"两体问题"($n=2$),已被牛顿圆满地解决了。著名的"三体问题"($n=3$)后来受到人们的注意,因为地球、月亮和太阳就是三体问题的典型例子。自欧拉以来,人们把它视为整个数学领域最困难的问题之一。从数学上讲,该问题归结为解九个联立微分方程组(每个都是线性二阶的)。拉格朗日成功地把这个问题加以简化,可是其解即使存在,也不能用有限个项来表示,而是一个无穷级数。如果级数在形式上满足方程组,并且对于变数的某些值收敛,那么解将存在。彭加勒在 1889 年的论文中提出了一种新的强有力的技巧,其中包括渐近展开和积分不变性,并且对微分方程在接近奇点附近的积分曲线行为做出根本性的发现。

尽管彭加勒没有解决 n 体问题,但在三体问题上却获得明显的突破,因此评审团还是把奥斯卡奖——2500 瑞典克朗和金质奖章——授予他。法国政府不顾瑞典国王的阻拦,也授予彭加勒宪兵团荣誉骑士称号。彭加勒在写给奥斯卡奖评审团的信中说:你们可以告诉你们的君主,这项工作不能看做是对所提出的问题提供了完美的答案,然而它具有这样的意义:它的公布将在天体力学上开创一个新时代,因此陛下所期望的公开竞赛的结果可以认为是达到了。

彭加勒在数学天文学方面的早期工作汇集在他的专题巨著《天体力学的新方法》(三卷本,1892,1893,1899 年)中。接着该书的是 1905~1910 年出版的另外三卷著作《天体力学教程》,它具有更为实用的性质。稍后又有讲演集《流体质量平衡的计算》和一本历史批判著作《论宇宙假设》。

彭加勒的传记作者达布断言(他的观点受到许多人的支持):这些著作中的头一部事实上开辟了天体力学的新纪元,它可与拉普拉斯的《天体力学》和达朗伯(D'Alembert,1717~1783)关于二分点岁差的工作相媲美。乔治·达尔文爵士在评论《天体力学的新方法》时说:"很可能,在即将来临的半个世纪内,一般研究人员将会从这座矿山发掘他们的宝藏。"达布在评论彭加勒的这些工作时写道:"在五十年间,我们生活在著名德国数学家的定理上,我们从各个角度应用并研究它们,但是没有添加任何基本的东西。正是彭加勒,第一个粉碎了这个似乎是包容一切的僵硬的理论框架,设计出展望外部世界的新窗户。"

彭加勒的《论宇宙假设》普遍地被这个领域的研究者看做是经

典的,书中对建立在拉普拉斯星云说上的模型的性质做了全面的分析和认真的尝试。这本书作为回顾太阳系起源的各种理论,即使在今天也值得一读,但是由于忽略了20世纪初其他天文学家提出的一些理论,因而有某些不足之处。彭加勒关于宇宙演化的观点在19世纪末是有代表性的:真实世界的进程是渐变的、不可逆的,不连续的变化也明显地发生,但只是在确实需要时才发生,而且不是以大变化的形式。这种观点显然与今天流行的大爆炸宇宙学格格不入。

像一个直觉主义者所做的那样,彭加勒在天文学研究中的不少工作与其说是定量的,还不如说是定性的,这种特点导致他研究拓扑学。在这方面,他发表了六篇著名的论文,使该课题起了革命性的变革。拓扑学方面的工作又转而顺利地应用到天文学的数学之中。

通过研究天文学,彭加勒深深体会到:天文学是有用的,因为它能使我们超然自立于我们自身之上;它是有用的,因为它是宏伟的;这就是我要说的。天文学向我们表明,人的躯体是何等渺小,而人的精神又是何等伟大,因为人的理性能够包容星辰灿烂、茫无际涯的宇宙,并且享受到它的无声的和谐,在它那里,人的躯体只不过是沧海之一粟而已。于是我们意识到我们的能力,这是一种花费越多收效越大的事业,由于这种意识能使我们更加坚强有力。

四、理论物理学所有分支的专家

彭加勒讲授物理学达二十年以上,他以特有的求全性和充沛的精力完成这项任务,结果使得他成为理论物理学所有分支的专家。他发表了不同论题的文章和书籍达七十种以上,其中涉及毛细管引力、弹性学、流体力学、热的传播、势论、光学、电学、磁学、电子动力学等。他对每个课题都有深刻的洞察,并揭示其本质。他也能敏锐地集中于一个问题,细致地考察它,善于从各个方面对它进行定性研究。他特别偏好光和电磁理论。彭加勒关于电磁理论的教科书,成为麦克斯韦(J. C. Maxwell,1831~1879)理论在欧洲大陆得以广泛传播的范本。

说实在的,在物理学方面,彭加勒的运气并不怎么好。为了使他的才能得到体现,他应该晚生三十年或多活二十年。恰恰在经典物理学发展到它的顶峰时,他却处于精力充沛的时期;当物理学重新焕发青春——以普朗克1900年量子论的提出和爱因斯坦1905年狭义相对论论文"论动体的电动力学"的发表为标志——之时,他的头脑却被19世纪的经典理论所充塞,以至于在他逝世前,他几乎没有多少时间消化那些令人惊奇的新事物。尽管如此,他还是在物理学革命的三个前沿领域做出杰出的贡献。

(1)在物质结构研究方面的贡献

1895年12月28日,伦琴(W. K. Rontgen,1845~1923)发现了X射线,彭加勒对此感到十分振奋,他在1896年1月20日科学院的周会上展示了伦琴寄给他的X射线照片。当贝克勒尔(A. H. Becquerel,1852~1908)问他射线从管子的哪一部分发出时,彭加勒回答说:射线似乎是从管子中与阴极相对的区域发出的,在这个区域内玻璃管变得发荧光了。彭加勒还在1月30日发表了一篇关于X射线的论文,他在论文中提出:"是否所有荧光足够强

的物体,不管它们的荧光的起因如何,都既发射可见光又发射 X
射线呢?"尽管彭加勒的预想并不完全正确,但是它毕竟是导致贝
克勒尔发现放射性的直接动因。

对于世纪之交分子实在性的争论,彭加勒基本持中立态度,因
为还没有确凿的实验事实证明分子是真实的。不过,他早就意识
到用实验来验证分子运动论的可能性。他在 1900 年提醒大家注
意古伊(L. G. Gouy,1854~1926)关于布朗(R. Brown,1773~
1858)运动的有独创性的观念,他指出:"那些无规则运动的粒子比
致密的网孔还要小,因此,它们可能适用于解开那团乱麻,从而使
世界逆行。我们几乎能够看到麦克斯韦妖作怪呢。"1904 年,他在
提到运动和热在布朗运动中相互转化而毫无损失时说:"如果情况
如此,为了观察世界逆行,我们不再需要麦克斯韦妖的无限敏锐的
眼睛;我们的显微镜就足够了。"后来,爱因斯坦(A. Einstein,
1879~1955)和斯莫卢霍夫斯基(M. von Smoluchowski,1872~
1917)分别于 1905 年和 1906 年给出布朗运动的理论,导出计算分
子大小的公式。1908 年,佩兰(J. B. Perrin,1870~1942)和他的
合作者通过用显微镜观察藤黄树脂微粒的布朗运动,证实分子的
实在性。彭加勒面对这一事实,坦率地承认:"长期存在的原子假
设已具有充分的可靠性","化学家的原子现在已经是一种实在
了"。

(2)相对论的先驱

早在 1900 年之前,彭加勒就掌握了建立狭义相对论的一切必
要材料,并在 1904~1905 年间找到了它的数学表示。作为相对论
的先驱,他比马赫(E. Mach,1838~1916)和洛伦兹(H. A.

Lorentz，1853～1928)更前进一步。

在 1895 年,彭加勒就对当时以太漂移实验的解释表示不满,他批评洛伦兹过多地引入特设假设。他相信,用任何实验手段——力学的、光学的、电学的——都不可能检测到地球的绝对运动。他已经意识到,采取这种立场相当于在理论上提出一个普遍的物理定律:不可能测出有重物质的绝对运动,或者更明确地说,不可能测出有重物质相对于以太的运动。人们所能提供的一切就是有重物质相对于有重物质的运动。1900 年,他把这个定律称为"相对运动原理"。1899 年,彭加勒在巴黎大学(索邦)所做的关于电和光的讲演中又提到这一普遍定律。第二年在巴黎的国际物理学会议上,他把相对运动原理表述为:"任何系统的运动必须服从同样的定律,不管它是相对于固定轴而言还是相对于做匀速直线运动的可动轴而言。"在 1902 年出版的《科学与假设》中,首次出现了"相对性原理"的提法。不过,相对性原理的标准表述是彭加勒 1904 年 9 月在圣路易斯讲演中做出的。他把它作为物理学六大基本原理之一提出来:"相对性原理,根据这个原理,物理现象的定律应该是相同的,不管观察者处于静止还是处于匀速直线运动。于是,我们没有、也不可能有任何手段来辨别我们是否做这样一种运动。"也就是在这次讲演中,他惊人地预见了新力学的大致图景:惯性随速度而增加,光速会变为不可逾越的极限。原来的比较简单的力学依然保持为一级近似,因为它对不太大的速度还是正确的,以至在新力学中还能够发现旧力学。

在 1898 年的"时间的测量"一文中,彭加勒不仅批判了绝对时间、绝对空间和绝对同时性的概念,而且还提出建设性的建议:承认光速不变是一个公设,并用爱因斯坦后来使用的术语讨论了远距离的同时性的确定问题。他说:"光具有不变的速度,尤其是它的速度在一切方向上都是相同的,这是一个公设,没有这个公设,就无法测量光速。"彭加勒利用两个观察者(爱因斯坦的讨论只用一个观察者)、光讯号和时钟,讨论了时钟同步和同时性的定义问题,得出与爱因斯坦1905年的结论相同的结果。

　　1904年后期到1905年中期,彭加勒给洛伦兹写了三封信,这三封信的基本思想在"论电子动力学"一文中得到发展。这篇论文的缩写本于1905年6月5日发表,全文则发表于1906年。他在文中第一个提出了精确的洛伦兹变换,指出该变换的群的性质。"洛伦兹变换"、"洛伦兹群"、"洛伦兹不变量"等术语,都是他首先使用的。他还得到正确的电荷和电流密度的变换(洛伦兹得出的变换式是错的),证明了速度变换,考虑了体积元的变换,得到了电荷密度和电流的变换。这样一来,麦克斯韦-洛伦兹方程首次在洛伦兹变换下严格地变成不变量。彭加勒还导出了电磁标量势和矢量势、单位体积的力、单位电荷的力的变换,这些公式甚至在1960年代前后的文献中也难以找到。尤其是,彭加勒为了利用在具有确定的正度规 $x^2 + y^2 + z^2 + t^2$ 的四维空间中的不变量理论,还引入了四维矢量,使用了虚时间坐标($t = ict$)。他还揭示出洛伦兹变换恰恰是四维空间绕原点的转动。彭加勒的这一工作,对闵可夫斯基(H. Minkowski, 1864～1909)后来的四维时空表示法有直接影响。彭加勒也是第一个在他的电子动力学中研究牛顿引力定律的人,他甚至使用了"引力波"这样的名词。

　　(3)量子论的积极倡导者和热心研究者

　　1911 年的索尔维(E. Solvay，1838～1922)物理学会议，使量子论越出了德语国家的国界。彭加勒应邀参加了这次最高级会议，首次了解到量子论。他在很短时间内就成为量子论的积极倡导者和热心研究者。

　　1911 年 12 月 4 日，即索尔维会议一个月之后，彭加勒向科学院提交了一篇论述量子论的长篇论文的缩写本，全文于翌年 1 月发表。他在论文中指出，量子论的出现"无疑是自牛顿以来自然哲学所经历的最伟大、最深远的革命。"他坚持认为，旧理论不只是在能量能够连续变化的假定上是错误的，而且物理定律本性的概念也要经受根本的变革。他在论文的最后指出，人们必须寻求差分方程，对于不连续的几率函数的情况，它将起哈密顿微分方程的作用。后来，他还就量子论发表了几篇文章和讲演。他甚至猜想，任何孤立系统乃至宇宙也像粒子一样，"会突然地从一个状态跃迁到另一个状态；但是在间歇期间，它依然是不动的。宇宙保持同一状态的各个瞬时不再能够相互区分开来。因此，这将导致时间的不连续变化，即时间原子。"彭加勒的工作大大推动了非德语国家的物理学家接受和研究量子论。

　　(4)混沌学的开创人

　　彭加勒是在把他锻造的锐利数学武器用于进攻天体力学问题时，发现混沌现象的。在太阳系的稳定性即三体问题的研究中，他实际上已经意识到，在一向视为决定论统治的牛顿力学中，随机性(偶然性)也比比皆是。随机性是牛顿方程的本质特征之一，因为运动对初始条件十分敏感，确定行为是极其稀少的。这与混沌就是决定论系统的内在随机性的现代认识何其相近！事实上，彭加勒开创和发明的种种新数学分支和方法,以及他的众多的天体力学著作,都成为现代混沌学的思想和方法的启迪源泉。彭加勒不愧是发现混沌现象并进行认真处理的第一人!

积极的哲学思维和敏锐的直觉能力,也使彭加勒从自然哲学的高度洞见混沌现象。彭加勒反对或不赞成机械决定论,而承认自然界的偶然性,认为偶然性这个词具有"精密的和客观的意义"。他在《科学与方法》中专用一章讨论偶然性问题,并把偶然性分为三类,其中之一超越概率思想的水平,讲出混沌的真谛。他说:"我们觉察不到的极其轻微的原因决定着我们不能不看到的显著结果,可是我们却说这个结果是由于偶然性。……初始条件的微小差别在最后的现象中产生了极大的差别;前者的微小误差促成了后者的巨大误差。预言变得不可能了,我们有的是偶然发生的现象。"彭加勒在这里对这类偶然性所做的描述,正是今天混沌研究者刻画混沌特征的典型用语。彭加勒的先知先觉和先见之明由此可见一斑。在当今的混沌学研究文献中,经常可以看到对彭加勒的引用,不时可以察觉到彭加勒科学思想的强大生命力的自然延伸。

五、逻辑经验论的始祖之一

彭加勒对科学和数学的哲学意义一直兴味盎然,他在早年发表的许多专业论文中,经常涉及科学哲学问题。在本世纪初,他认真总结了在科学前沿多年探索的经验,对科学的基础进行系统的哲学反思,提出了许多有价值的、有启发意义的思想和见解。这集中体现在他于 1902、1905、1908 年出版的《科学与假设》、《科学的价值》和《科学与方法》三本书中。它们既是畅销一时、至今仍然富有吸引力的科学哲学著作，也是内容丰富、语言优美的科普读物。在那些年代，经常可以看到工人和店员在巴黎的公园和咖啡馆贪婪地阅读彭加勒的通俗著作，尽管这些书籍印刷低劣、封面破旧。在法国的图书馆或阅览室，彭加勒的书都用手弄脏了，显然有许多人借阅过。这些著作被译成英、德、俄、西班牙、匈牙利、瑞典、日、中等文字，几乎传遍了整个文明世界。

由于文字上的才华，彭加勒得到一个法国作家所能得到的最高荣誉。人们称他为"法国的散文大师"，文学研究院接纳他为会员。一些妒忌心强的小说家心怀不满地散布说，彭加勒作为科学家能够获得这种独一无二的荣誉，是因为文学研究院经常要编撰权威性的法语字典，兴趣广泛的彭加勒显然能在工作中帮助文学研究院的诗人和语法学家，告诉他们自守函数是什么。但是众人却公正地认为，彭加勒已经得到的荣誉并不比他应该得到的多。勒邦在谈到彭加勒的文字才华时这样写道："数学家、哲学家、诗人、艺术家的昂利·彭加勒也是一位作家。他的唯一目的是用他的全部诚意表述他的思想，并把他的激情和崇高的热忱传达给他的读者。他以锐利的笔锋写作，因为他的见解是这样精密，他的思维是如此活跃，以至几乎总能找到它们的完美表示。""极其流畅和变化多端的风格现在是专家的风格，当时是文豪和诗人的风格，这也是真正的法国作家蒙田（M. de Montaigne，1533～1592）、莫里哀（Moliere，1622～1673）、帕斯卡（B. Pascal，1623～1662）的风格。雅致、简单、清晰、极大的简明，这种风格充满了有趣的妙语

（引人发笑的俏皮话），充满了在特殊场合中的尖刻的反语。但是这些妙语对准的是荒谬的事物，而从未对准个人。彭加勒常常巧妙地使日常语言恢复活力，或者通过把它所包含的比喻延伸到结论，或者使所用的修辞手段充满独创性、新颖性和感染力。"

　　彭加勒在科学哲学上继承了马赫和赫兹（H. Hertz, 1857～1894）的传统，并汲取和改造了康德（I. Kant, 1724～1804）的一些思想，他的哲学思想显然受到数学研究的影响。约定论是彭加勒的一大哲学创造，它后来和马赫的经验论一起成为逻辑经验论兴起的哲学基础，因此彭加勒理所当然地被认为是逻辑经验论的始祖之一。1929 年发表的维也纳学派宣言，充分肯定了彭加勒的约定论和整体论，关于经验科学（物理学、几何学的假设等等）的基础、目的和方法的思想，对于该学派的影响。宣言中这样写道："起初，维也纳学派最有兴趣的是经验科学的方法。由于受到马赫、彭加勒和迪昂思想的鼓舞，他们讨论了通过科学体系特别是假设和公理体系来把握实在问题。……这就涉及约定问题，彭加勒对此做了特别的研究。""彭加勒尤其强调几何学和物理学的所有其他分支之间的关系：关于实际空间的性质的问题只能与物理学的整个体系联系起来予以回答。"弗兰克（P. Frank, 1884～1966）明确指出，彭加勒在事实描述和科学普遍原理之间的鸿沟上成功地架起了桥梁——逻辑经验论者正是通过这座桥梁前行的。他说："科学哲学中的任何进展都在于提出理论，而马赫和彭加勒的观点在这个理论中是一个更普遍的观点的两个特定方面。为了用一句话概述这个理论，人们可以说：按照马赫的观点，科学中的普遍原理是观察到的事实的简要的经济的描述；按照彭加勒的观点，它们是人类精神的自由创造,而没有告诉我们关于观察事实的任何东西。尝试把这两种概念结合为一个融贯的体系,是后来被称之为逻辑经验论的东西的起源。"

　　尽管如此,彭加勒从未自诩为哲学家,也没有为写哲学著作而写哲学著作。他的四本哲学著作中的大部分章节,都是他的科学著作的序言、结论,或是会议讲演和学术报告,都是他的科学研究的"副产品"。由于它们是在不同时间为不同的目的而写的,因而相互之间仅有松散的联系,有时似乎还有些矛盾。但是不容置辩的是,它们透露出现代科学的哲学意向和时代的新鲜气息。

　　《科学与假设》分为四编十三章(后又增补一章,即"物质的终极")。它们是,第一编:数与量(数学推理的本性,数学量和经验);第二编:空间(非欧几何学,空间和几何学,经验和几何学);第三编:力(经典力学,相对运动和绝对运动,能和热力学);第四编:自然界(物理学中的假设,现代物理学的理论,概率计算,光学和电学,电动力学)。

　　在《科学与假设》中,彭加勒坚持实验是真理的唯一源泉。从这种立场出发,他批判了经典力学的一些基本概念和原理。他强调假设在科学中不仅是必要的,而且是合理的。他把假设分为三类(极其自然的假设、中性的假设、真正的推广)进行论述,并指出假设要经常经受检验和不可滥用假设。彭加勒对科学的统一性和简单性也很感兴趣。在该书中,彭加勒通过对非欧几何学和物理学中一些基本原理的分析,提出约定论哲学。另外,彭加勒还对世纪之交物理学理论的状况进行了较全面的分析。值得注意的是,爱因斯坦在"奥林比亚科学院"时期读过《科学与假设》,该书给他以极强烈的印象。

《科学的价值》分为三编十一章。它们是,第一编:数学科学(数学中的直觉和逻辑,时间的量度,空间的概念,空间及其三维性);第二编:物理科学(解析和物理学,天文学,数学物理学的历史,数学物理学现在的危机,数学物理学的未来);第三编:科学的客观价值(科学是人为的吗? 科学和实在)。

《科学的价值》引人注目的有三点。其一是关于物理学危机的论述。彭加勒通过对物理学历史和现状的考察指出,物理学已处于危机之中,这种危机是好事而不是坏事,它能加速物理学的改造,是物理学革命的前兆。其二是比较系统地阐述了他的科学观。他认为科学是一种分类方法和关系体系,科学的发展是非直线的、无止境的,科学走向统一和简单的道路,科学的基本原理具有极高的价值,并倡导"为科学而科学"。其三是明确地表白了他对某些哲学问题的看法,这些看法往往被许多人统统视为唯心主义的胡说。此外,他还就直觉在科学研究中的作用以及时空的本性等问题发表了一系列见解。

至于《科学与方法》,它由四编十四章、外加一"总论"组成。它们是,第一编:科学和科学家(事实的选择,数学的未来,数学创造,偶然性);第二编:数学推理(空间的相对性,数学定义和数学,数学和逻辑,新逻辑,逻辑学家的最新著作);第三编:新力学(力学和镭,力学和光学,新力学和天文学);第四编:天文科学(银河与气体理论,法国的大地测量学)。本书最精彩之处是关于科学美和创造心理学的论述。

在彭加勒逝世后的第二年,还出版了《最后的沉思》(1913

年),这是彭加勒所希望的第四本科学哲学著作。该书是勒邦集其遗著编辑而成的,它由九个短篇组成。这些关于科学及其哲学的文章和讲演包含彭加勒一些值得注意的见解。"规律的进化"一文是关于自然规律的哲学思考。"空间和时间"讨论了相对性问题。"空间为什么有三维?"对这个问题做出新颖的解释。对数学中的"无限的逻辑"的分析讨论了罗素(Bertrand Russell,1872~1970)的类型理论。"数学和逻辑"一文分析、批判了实用主义和康托尔(Georg Cantor,1845~1918)主义对逻辑在数学中的作用的见解,提出作者自己的看法。"量子论"是作者临终前不久写的一篇评述性文章,论述了量子论和它的现代应用,阐述了作者的独到见解。"物质和以太的关系"讨论了世纪之交物理学家普遍关心的问题。最后的"伦理学和科学"以及"道德联盟"二文论述了科学和伦理学的关系,说明科学在道德教育中的重大作用,这在其他三本科学哲学著作中还没有详细涉及过。

　　由于彭加勒长期在科学前沿从事创造性的探索和开拓性的奠基工作,因此他不得不经常对科学的哲学基础进行批判性的审查,对已取得的科学成果进行恰当的哲学解释。而且,他所研究的问题的广度和深度使得他的思考不可能限制在狭窄的专业领域,他必须去考察一个更加困难得多的问题,即分析思维的本性,否则他就不会前进一步。彭加勒既有"近水楼台先得月"的有利条件,又勇于求索、勤于思考、善于提炼,因此他在谈到自然观、科学观、认识论和方法论等问题时,往往鞭辟入里、深中肯綮,难怪爱因斯坦称彭加勒这位具有广阔哲学视野的科学家是"敏锐的、深刻的思想家"。

六、彭加勒约定论的丰富内涵

约定论是彭加勒的主导哲学思想,其内涵十分丰富,有必要在此稍做论述。

彭加勒的约定论虽说发轫于1887年的"论几何学的基本假设"的论文,但是更为系统、更为集中、更为普遍、更为明确的表述,则见于他的《科学与假设》以及此后的几本科学哲学著作中,这是他在对数理科学的基础进行了敏锐的、批判性的审查和分析之后提出的。

彭加勒以几何学为对象进行了探讨。他说,几何学公理与数学归纳法那样的先验综合判断不同,人们不能否定数学归纳法这一命题而建立类似于非欧几何学的伪算术。另一方面,几何学公理也不是实验的真理,它涉及的是理想的点、线、面,人们没有做关于理想直线或圆的实验,人们只能针对物质的对象做实验。即使退一步讲,认为度量几何学是对固体的研究,射影几何学是对光线的研究(这实际上属于物理学实验,而不是几何学实验),困难依旧存在,而且是难以克服的。因为几何学若是实验科学,它就不会是精密科学,它就要不断根据实验事实加以修正,不仅如此,以后还会常常证明它有错误(原因在于没有严格的刚体)。因此,彭加勒得出结论说:"几何学的公理既非先验综合判断,亦非经验事实。它们是约定,……""换句话说,几何学的公理只不过是伪装的定义。"他进而认为:"几何学研究一组规律,这些规律与我们的仪器实际服从的规律几乎没有什么不同,只是更为简单而已。这些规律并没有有效地支配任何自然界的物体,但是却能够用心智把它们构想出来。在这种意义上,几何学是一种约定,是一种在我们对于简单性的爱好和不要远离我们的仪器告诉我们的知识这种愿望之间的粗略的折中方案。这种约定既定义了空间,也定义了理想仪器。"

　　彭加勒的约定论渗透在他的下述几何学哲学中:1.欧几里得几何学的公理虽然起源于经验推广,但它们是该系统原始术语的隐定义(例如,"点"、"处于……之间"、"是等距离的");它们是术语的约定,既不为真,也不为假,而是方便的;同样的结论也适合于其他几何学公理。2.度量几何学的可供选择的系统是不同的度规系统或度规语言,它们可以基于合适的词典从一种翻译成另一种。3.在物理理论中,物理现象所归属的空间本质上是无定形的数学连续统(我们感觉到的物理连续统的理想化)。只有当我们就"同余"(congruence,也可译为全等或叠合)或"距离"拟定专门的约定时,它才能够被度量;这可以用不同的方式来完成,或者产生出欧几里得几何学,从而产生度规和度量几何学的约定性。4.从群论的观点来看,几何学(度量几何学和非度量几何学)是研究各种变换群下的不变量的。就度量几何学而论,两个图形同余意味着一个图形能够通过空间中某种点变换转换为另一图形;而且,同余的一致性取决于图形的位移是由变换群给出的这一事实。5.什么是先验的,这是群的普遍概念;无论如何,它不是感性的先验形式,而是知性(在康德的意义上)的先验形式;在群的普遍概念内,我们能够选择一个特殊的变换群,这个群将决定我们的几何学。

　　彭加勒发现,尽管物理学比较直接地以实验为基础,但是它的一些基本原理也具有几何学公理那样的约定特征。例如惯性原理并不是先验地强加在人们精神上的真理。否则,希腊人为何没有认出它呢?他们怎么会相信,当产生运动的原因终止时,运动也就停止呢?或者,他们怎么会相信,每一物体若无阻碍,将做最高贵的圆运动呢?而且,如果人们说物体的速度不能改变,只要不存在使它改变的理由,那么人们同样可以坚持,在没有外部原因参与的情况下,这个物体的位置或它的轨道的曲率不能改变。彭加勒认为,惯性定律可以推广为这样的陈述:物体的加速度仅取决于这个物体和邻近物体的位置以及它们的速度(广义惯性原理);如果一个物体不受力的作用,那么与其假定它的速度不变,倒不如假定它的位置不变,要不然就假定它的加速度不变;这一切同样完全符合充足理由律,因此惯性定律并非先验地强加于我们。

惯性原理也不是经验的事实。任何人在任何时候也没有实验过不受力作用的物体,又何以知道物体不受力的作用呢?牛顿以为惯性原理来自实验且被实验确证,这是一种错觉。牛顿实际上是受到拟人说的影响,也受到伽利略以及开普勒的影响;事实上,按照开普勒定律,行星的路线完全由它的初始位置和初始速度决定,这恰恰是我们推广惯性定律所要求的东西。而且,广义惯性原理也无法用判决性实验来检验。因此,惯性原理便化归为约定或隐定义。同样,牛顿的其他两个运动原理也不过是起了力、质量的约定性定义的作用而已。

彭加勒看到,力学原理的确具有约定那样的合理功能,但是它们也有经验概括那样的合理功能。因此,他得出结论说:"这样一来,力学原理以两种不同的姿态出现在我们面前。一方面,它们是建立在实验基础上的真理,就几乎孤立的系统而言,它们被近似地证实了。另一方面,它们是适应于整个宇宙的公设,被认为是严格真实的。如果这些公设具有普遍性和确实性,而这些性质反而为引出它们的实验事实所缺乏,那么这是因为它们经过最终分析便化为约定而已。我们有权利作出约定,由于我们预先确信,实验永远也不会与之矛盾。然而,这种约定不是完全任意的;它并非出自我们的胡思乱想;我们之所以采纳它,是因为某些实验向我们表明它是方便的。这样就可以解释,实验如何能够建立力学原理,可是实验为什么不能推翻它们。与几何学比较一下,几何学的基本命题,例如欧几里得的公设,无非是些约定,要问它们是真还是假,正如问米制是真还是假,同样是没有道理的。"

　　不仅物理学的基本原理是约定,而且物理学的一些基本概念实际上也是约定。他在详细讨论了时间及其测量问题之后得出结论说:"两个事件同时、或者它们的相继顺序、两个持续时间相等,是这样定义的,以使自然定律的表述尽可能简单。换句话说,所有这些法则,所有这些定义,只不过是无意识的机会主义的产物。"

　　彭加勒坚定地认为,"约定是我们精神自由活动的产物",它贯穿在整个科学创造活动中。他指出,在科学研究中,科学家必须在面临的大量未加工的事实中选择有观察价值和使用价值的事实,科学家要依据自己思想的自由活动从中做出选择。科学事实是语言的约定,即由未加工的事实翻译成某种科学语言,在由未加工的事实上升为科学事实的过程中,能明显地发现我们精神的自由活动。在从科学事实过渡到定律的过程中,科学家的自由活动的成分将变得更大。进而,在从定律提升为原理时,这就要全靠约定了。

对彭加勒的约定论上述内容或诠释大体上体现了彭加勒约定论思想最早、最明显、最平常的主题。该主题说：在科学中存在着一些经验上任意的成分即约定，它或是以约定陈述的形式，或是以约定决定的形式而存在；后者涉及陈述的接受，并在观察上等价的陈述的集合上被规定。在这里，我们不妨用 C_1 标记它。

吉戴明（C. J. Giedymin）指出，传统诠释把 C_1 视为彭加勒约定论的全部内涵，这违背了总证据原则（principle of total evidence），而该原则禁止人们从不完全的证据得出结论。传统诠释仅仅立足于彭加勒的《科学与假设》的第三至第六章，它忘记了该书中的下余章节，忘记了彭加勒的其他哲学论著，也就是忘记了彭加勒哲学思想后来的发展。传统诠释之所以以偏概全，在于它卷入了彭加勒逝世后在法国之外接受彭加勒哲学的过程中，并把彭加勒从未使用过的"约定论"的名称与彭加勒的科学哲学联系起来。约定论的名称产生了一种把彭加勒的几何学哲学和物理学哲学与使用了"约定"或"约定的"术语的文本等同起来的趋势，并认为这样的文本包含彭加勒约定论的系统阐述和全部内涵。其实，仔细阅读一下彭加勒的论著，人们不难发现，这些术语的出现与否只不过是写作文体的问题，约定论思想也大量渗透在没有使用这些术语的文本中。吉戴明在其老师阿杜基耶维兹（K. Ajdukiewicz，1890～1963）工作的基础上进一步丰富了对彭加勒约定论的诠释。下面，我拟在前人工作的基础上，结合彭加勒的有关文本，进一步揭示他的约定论的广博内涵。除了 C_1 之外，彭加勒的约定论的主题还表现在以下诸多方面。

C_2：在科学中有一些恰当起作用的、需要约定的陈述。例如，存在着准经验陈述，它们被假定涉及物理实在，但是在把它们与合适的约定陈述联系起来之间，它们在经验上是不可检验的。比如说，"1 米是长度的单位"，"这个摆的摆幅相等"，"量杆的长度在移动时不变"等约定陈述。一旦这些约定被拟定，相关的陈述就变为经验陈述。约定论的这一主题在《科学的价值》的第二章"时间的量度"中得到集中体现。在谈到天文学家会毫无保留地采纳的时间定义时，彭加勒说："时间应该如此定义，以使力学方程式尽可能简单。换句话说，没有一种度量时间的方法比另一种更真实；普遍采用的方法只不过是更方便而已。"在谈到具有约定特征的光速不变原理时，他说："光具有不变的速度，尤其是，光速在所有方向都是相同的。这是一个公设，没有这个公设，便不能试图量度光速。这个公设永远无法直接用经验证实……"，但是"它向我们提供了研究同时性的新法则"。

C_3：科学陈述的认识论地位并不是永恒的，而是取决于科学共同体的决定。在彭加勒看来，科学家有时把经验定律提升到约定的原理的地位，此时它们便免遭经验的否证，但是当这些原理的有用性被耗尽时，它们便被废除掉那种至高无上的地位。彭加勒曾两次说过这样的话："如果原理不再多产，经验即便不与它矛盾，仍将宣布它无用。"而且，未加工的事实和科学事实的分类并非泾渭分明，实际上是科学家的约定。科学事实只不过是翻译成方便语言的未加工的事实而已。

C_4：检验假设的否定实验结果总是模棱两可的，它们可以与这些假设有关，或与辅助假定有关。彭加勒在考察经验和几何学的关系时就注意到,天文观察无法使我们在三种几何学之间做出抉择。比如,如果发现了负视差,或者证明一切视差都大于某一极限,那也不能断言黎曼几何学或罗巴切夫斯基几何学是真实的。因为此时有两条道路向我们敞开着:我们可以放弃欧几里得几何学,但是也可以修正光学定律,假定光严格说来不是以直线传播的。因此,欧几里得几何学一点也不害怕新颖的实验,我们采用它只是因为它方便和有利。彭加勒在讨论假设时得出一般的结论:"如果我们在若干假设的基础上构造理论,如果实验否证它,我们前提中的哪一个必须改变呢?这将是不可能知道的。相反地,如果实验成功了,我们认为我们一举证明了所有的假设吗?我们会相信用一个方程就能决定几个未知数吗?"

C_5:在约定变化下存在着不变性,即科学理论中的经验定律所拥有的经验内容,这种经验内容是用微分方程表达的真关系。科学的客观性和合理性正是依赖这种不变量。这是因为,物理学中的频繁变化只涉及可变的约定的成分,而理论的经验内容并不受什么影响。彭加勒从菲涅耳的光的波动论进展到麦克斯韦的光的电磁论中看到,这一进展只是约定的陈述语言的变化,它们所包含的真关系未变,即用微分方程表达的经验内容未变。也就是说,菲涅耳的理论的各部分继续有效,各部分的相互关系还是相同的,只是描述这些关系的语言变化了。彭加勒坚决反对他的学生勒卢阿(E. Le Roy,1870～1954)的唯名论,因为这种唯名论把整个科学都视为约定。在彭加勒看来,科学理论是由科学事实、定律和原理三个层次组成;最高层的原理是在经验事实引导下人为的约定,是由定律提升的;而在从未加工的事实到科学事实、从科学事实到定律的上升过程中尽管也掺入了(语言)约定的因素,但却容纳了科学内容。虽然科学事实和科学定律的表述随着科学家所采取的语言约定而变化,并且可以对规律的天然关系做适当修改,但是未加工事实之间的不变的规律总是得以保留,它就是可以起到一般不变性的东西。科学家不能凭空或随意制作科学事实和科学定律,他是用未加工事实制作科学事实,用科学事实制作科学定律,因而这种不变量总是存在的。相继理论的语言不同,不过总是可以翻译的,而翻译的可能性隐含着不变性的存在。

C_6:原理物理学时期的所有非统计的理论是多元理论或多元意义上的理论。多元理论是观察上等价的理论家族,这些理论具有相同的微分方程组,而在实验上不可区分的超现象世界的本体论上有区别。这些本体论相互之间是不相容的,因而它们在多元理论中依然不可断言。选择它们之一是约定的选择,本体论约定性(相对性)的论点即出自 C_6。多元理论的一个典型例子是:麦克斯韦电磁场理论是一个观察上等价的理论家族,这些理论共同具有麦克斯韦方程,它们或假定以太中的振动,或假定因以太阻滞的超距作用,或假定某种其他机制作为电磁现象的说明。彭加勒在色散理论中也看到多元理论的情况:亥姆霍兹及其在他之后的所有科学家从表面上大相径庭的出发点开始,都达到同一方程。这些理论同时是真实的,不仅因为它们能使我们预见相同的现象,而且也因为它们预先表达了真实的关系,即吸收关系和反常色散关系。在这些理论的前提中,真实的东西就是事实之间某种关系的证实,至于物的名称则随作者而异。在谈到本体论假设矛盾,但都表达了真关系的两种竞争的理论时,彭加勒指出:"只要人们不把两种矛盾的理论混在一起,只要人们不在它们之中寻求事物的基础,那么这两种理论都可以成为研究的工具。"

C_7:物理实在只有达到竞争理论(在通常的意义上)的观察上等价和它们的数学结构的同构时,才是可知的。因为只有在此时,表明竞争的理论揭示出相同的关系,也就是事物的真关系,这种关系在彭加勒看来是唯一的实在,因而在此时物理实在才是可知的。

C_8:物理几何学是(纯粹)几何学加物理学在观察上等价的系统之家族,这些系统之间的不同之处在于物理意义各异,而不在于观察上不可区分的特性;在同一种物理几何学中,首先选择最简单的纯粹几何学并给以先验的诠释,然后相应地调整物理假定。彭加勒的这一约定论主题在他关于经验和几何学的论述中显现出来。但是,广义相对论的成功反驳了彭加勒这一主题的第二部分,在广义相对论中选择了十分复杂的度规几何学——具有可变曲率的黎曼几何。简单性还是选择的标准,但不是纯粹几何学的简单性,而是几何学加物理学的简单性。因此,彭加勒的观点应修正为:在物理几何学中,选择具有最大的总体简单性的系统。

在这里,我们简要地概括一下彭加勒约定论思想的八大主题或内涵。C_1断言在科学理论中存在约定的成分,这尤其体现在基本原理和基本概念中。C_2指出约定对于非约定的(准经验的)陈述所起的作用。C_3把认识论地位的改变,从而把约定的改变归因于科学共同体的决定。C_4宣布所谓的判决实验不可能,这个主题现在往往被称为迪昂一奎因(W. Quine)命题。C_5揭示出理论的经验内容在约定变化的条件下是不变量,它保证了科学的客观性、合理性以及科学进步的连续性。C_6是哈密顿一赫兹一彭加勒理论观或彭加勒的理论多元观,于是与约定有关的理智价值评价介入到理论选择的过程之中。C_7隐含着本体论的约定性和真关系的实在性。C_8断言物理几何学本身的约定性。

七、为真理奋斗到生命最后一息

　　彭加勒认为,热爱真理是伟大的事情,追求真理应该是我们活动的唯一目标和唯一价值。彭加勒言行一致,为追求真理,他一直奋斗到生命的最后一息。勒邦指出,在科学问题上,彭加勒唯一专注的事情就是探求真理。他不关心荣誉,不喜欢用自己的名字命名他的任何发明,直接面对面地深思真理是唯一的报偿,这在他看来是最值得努力的。他也受到强烈的正义感的支配。

　　彭加勒富有创造力的时期是从1878年的博士论文开始的,在短暂的三十四年科学生涯中,他却写出了将近五百篇论文和三十本科学专著,这些论著囊括了数学、物理学和天文学的许多分支。当我们考虑到那些开创性工作的重重困难时,不能不钦佩他高度的创造性和坚韧不拔的毅力。由于他的杰出贡献,他赢得了法国政府所能给予的一切荣誉,也受到英国、俄国、瑞典、匈牙利等国政府的奖赏。

　　进入20世纪,彭加勒的声望急剧地增长。1906年,他当选为巴黎科学院主席;1908年,他被选为法兰西学院院士,这是一个法国科学家所能获得的最高荣誉。他是科学院唯一一位因其研究而能参加所有学科小组的成员。当时,他蜚声国际学术界,受到同行的称颂,一些有志干一番事业的年轻人都想拜他为师。特别是在法国,他被视为大智者,他越来越多地被邀请对范围更大的听众作各种主题的讲演(1910年甚至有人要求他就彗星对气候的影响加以评论)。他对这些"杂事"似乎并没有表现出不乐意,也许他觉得这是向公众普及科学知识的好机会。他在各种问题——从科学到哲学,从政治到伦理——上的见解总是直率的、明快的,被公众当做决定性的意见而接受。

在最后的四年中,除了恼人的疾病而外,彭加勒的生活总的来说是安定的、幸福的。他有一个美满的小家庭:温厚的贤妻、一个儿子和三个女儿。他喜欢他的子女,特别是当他们还是小孩子的时候。他也爱好交响乐。

可是,彭加勒既没有沉湎于小家庭的脉脉温情,更没有躺在荣誉和地位上高枕而卧。作为一个永不满足、永远进击的学者,他忘我地向新的未知版图挺进。在生命的最后征途上,他依然留下坚实的足迹。

在1908年的罗马国际数学会议上,彭加勒因病未能宣读激动人心的讲演"数学物理学的未来"。他的病症是前列腺肿大,意大利的外科医生为他做了手术,这似乎可以看做是痊愈了。回到巴黎后,他像以往那样不知疲倦地工作着。但是到1911年,他觉得自己身体不适,精力减退,他说他在世上的日子不会长了。可是,他不愿放下手头的工作去休息。他头脑孕育的新思想太多了,他不愿让它们和自己一块葬入坟墓。他也许认为,向人类传播他的思想而不是把他们隐藏起来,是他的天赋职责。

1911年10月30日至11月3日,彭加勒应邀参加在布鲁塞尔召开的第一届索尔维会议,会议的中心议题是"辐射理论和量子"。在这之前不久,彭加勒对量子论是完全陌生的,通过参加会议,他变成新理论的倡导者和发展者,从而在量子论的历史上留下了光辉的一页。洛伦兹后来回忆说,彭加勒在讨论中表现出"他的思想的全部活力和洞察力,人们佩服他精力充沛地进入那些对他来说是全新的物理学问题的才干"。

从布鲁塞尔返回巴黎后,奇异的量子使彭加勒难以安静下来。在生命的最后时刻,他完全沉浸在这个奇妙的世界里,以难以置信的毅力和速度从事这项困难的研究。彭加勒向科学院提交的论文在物理学界引起很大反响。

与此同时,彭加勒还在思考一个新的数学定理,这就是把狭义三体问题的周期解的存在问题归结为平面的连续变换在某些条件下不动点的存在问题,这可能是分析中根据代数拓扑学所做出的存在性证明的第一个例子。他悲痛地预感到,自己没有时间和精力来证明这个定理了,于是在 1911 年 12 月 9 日一反通常的习惯,写信给《数学杂志》的编辑,询问是否能接受一篇未经深究和修改的专题论文。他在信中写道:"……在我有生之日,我无法解决它们了。不过,它们的最后结果能够把研究引向新的、未曾料到的路线上,在我看来,它们似乎具有十分充分的发展前途。不管它们使我遭到什么蒙骗,我仍将顺从地把它们奉献出来。……"在彭加勒的这一"未完成的交响乐"发表后不久,所需要的证明由美国年轻数学家伯克霍夫(G. D. Birkhoff,1884~1944)在几个月之后给出了。在彭加勒的整个学术生涯中,他总是慷慨地把自己的新发现作为一种公共财富给予那些具有巨大才智的人,使他们能够从容地利用它们。他总是毫不迟疑地敞开他的新思想,而不介意它们是否完全成熟。对科学的发展来说,这无疑是幸事。

　　1912 年春,彭加勒再次患病,可是他还是顽强地奋斗着。同年 4 月,在法国物理学会的一次讲演中,他又谈到量子论问题,他要求人们不要为推翻根深蒂固的旧见解而烦恼。就在当月公开发表的一篇评述性文章中,他再次强调:把不连续性引入自然定律,这样一个非同寻常的观点能够成立。他说,尽管量子假设面临一些困难,我们必须拯救它,否则我们就不会有可供建筑的基础了。他对普朗克的"倒退"感到困惑,认为坚持最初的观点是比较合适的。彭加勒猜想,宇宙万物像电子一样,都应当经历量子跃迁,由于在普遍的跃迁之间的不运动状态内具有无法区分的瞬时,因此必然存在"时间原子"。这就是逝世前三个月,彭加勒在头脑中酝酿的大胆思想。5 月 4 日,他又在伦敦大学做了题为"空间和时间"的讲演。在这次讲演中,他论述了一个可检验的物理学相对性原理,之所以可检验,是因为这个原理参照近似孤立体系的经典力学。他还论证了他的引力理论,指出它与水星近日点的进动观测值不一致。他还就当前理论物理学的发展做出评价。

　　临终前三周,即 1912 年 6 月 26 日,彭加勒抱病在法国道德教育联盟成立大会上发表了最后一次公开讲演。他说:"人生就是待续的斗争","如果我们偶尔享受到相对的宁静,那正是因为我们的先辈顽强斗争的结果。假使我们的精力、我们的警惕松懈片刻,我们就将失去先辈们为我们赢得的斗争成果。"他还指出:"强求一律就是死亡,因为它对一切进步都是一扇紧闭着的大门;而且,所有的强制都是毫无成果的和令人憎恶的。"彭加勒本人的一生就是自由思考,持续斗争的一生。维托·沃尔泰拉中肯地评论道:"我们确信,在他的一生中,他没有片刻的休息。彭加勒永远是一个朝气蓬勃的、健全的战士,直到他的逝世。"

　　7月9日,医生为彭加勒施行了第二次前列腺手术,手术是成功的。7月17日,他在穿衣时因栓子(堵塞血管使血管发生栓塞的物质)而十分突然地去世了。紧张的工作过早地把他虚弱多病的身体推向危险点,超额的负荷过早地把他引向死亡的大门,这一切似乎又是他心甘情愿的。令人遗憾的是,他仅仅活了五十八岁,这正是他的能力的高峰时期。

　　在茫茫的夜空中,一颗"智多星"陨落了! 这颗"智多星"发出了他所能发出的熠熠光亮,给人类带来光明,即使在坠落大地时,也要把最后一道余光毫无保留地奉献出来。彭加勒的所作所为,得到能够鉴赏他的成就的人的赞誉。据说有这样一件轶事。在第一次世界大战期间,一些英国军官问他们国家的大数学家和大哲学家罗素:"谁是当代法国最伟大的人?"罗素不假思索地回答:"彭加勒!""噢,是那个人!"这些对科学一窍不通的军官以为罗素指的是法国总统雷蒙·彭加勒,一个个兴奋得呼叫起来。当罗素得知他们呼叫的缘由时,便解释道:"我指的不是雷蒙·彭加勒,而是他的堂兄昂利·彭加勒"。

　　可是,彭加勒也曾被一些人误解,蒙受了不白之冤。长期以来,在前苏联、东欧、日本和中国大陆出版的许多书刊中,他竟被描绘成在科学史上"兴风作浪"的反面人物。当我们用事实拭去抹在他脸上的油彩和尘埃时,面对这样一位在科学前沿奋不顾身战斗的伟大战士,难道不应当做一点历史的沉思和反思吗?

参考文献

［1］H. Poincaré, *The Foundations of Science*, translated by G. B. Halsted, The Science Press, New york and Garrison, N. Y., 1913.

［2］ポアンカレ（Poincaré）:《科学者と詩人》,平林初之輔訳,岩波書店,1927年。

［3］H. Poincaré, *Oeuvres de Henri Poincaré*, 11vols., Paris: Gauthier-Villars, 1934～1953.

［4］E. T. Bell, *Men of Mathematics*, Dover Publications, New york, 1937.

［5］H. Poincaré, *Mathematics and Science: Last Essays*, Translated by J. W. Bolduc, New York: Dover, 1963.

［6］本多修郎:《现代物理学者の生と哲学》,未来社,1981 年。

［7］J. Giedymin, *Science and Convention*, Pergamon Press, Oxford Press, 1982.

［8］李醒民:《激动人心的年代——世纪之交物理学革命的历史考察和哲学探讨》,四川人民出版社,1983 年第 1 版,1984 年第 2 版。

［9］A. I. Miller, *Imagery in Scientific Thought*, Birkhauser Boston Inc., 1984。

［10］广重彻:《物理学史》,李醒民译,求实出版社(北京),1988 年第 1 版。

［11］H. 彭加勒:《科学的价值》,李醒民译,北京:光明日报出版社,1988 年第 1 版。

［12］李醒民:《理性的沉思》,沈阳:辽宁教育出版社,1992 年第 1 版。

［13］R. C. Archiband, Jules Henri Poincaré, *Bull. Am. Math. Soc.*, 22 (1915), 125～136.

［14］Vito Volterra, Henri Poincaré, *Rice Institute Pamphlet*, 1 (1915), 133～162.

［15］R. McCormmach, Henri Poincaré and Quantum Theory, *ISIS*, 58 (1967), 37～55.

［16］S. Goldberg, Henri Poincaré and Einstein's Theory of Relativity, *Am. Jour. Phys.*, 35 (1967), 934～944.

[17] C. Curaj, Henri Poincaré Mathematical Contributions to Relativity and the Poincaré Stresses, *Am. J. Phy.*, 36 (1968), 1102~1113.

[18] S. Goldberg, Poincare's Silence and Einstein's Relativity, *Bri. Jour. His. Sci.*, 5 (1970), 73~84.

[19] J. Giedymin, Geometrical and Physical Conventionalism of Henri Poincare in Epistemological Formulation, *Stud. Hist. Phil. Sci.*, 22 (1991), 1~22.

[20] J. Giedymin, Conventionalism, the Pluralist Conception of Theories and the Nature of Interpretation, *Stud. Hist. Phil. Sci.*, 23 (1992), 423~443.

[21] 李醒民:《彭加勒》,台北:三民书局东大图书公司,1994 年 1 月第 1 版, vi＋316 页。

中译者附识

商务印书馆编辑近日发来电子邮件,告知我彭加勒第四本科学哲学著作《最后的沉思》又要重印。如果我没有记错的话,这是该译著 1995 年出版普通本,1996 年出版"汉译世界学术名著丛书"本,2009 年出版"汉译世界学术名著丛书·珍藏本",2011 年出版"汉译世界学术名著丛书·分科本(哲学)"后,将要第十次印刷了。试看今日之域中,挖空心思争权夺利者熙熙而来,花样翻新追求感官享受者攘攘而往。在这样一个物质至上、消费第一的拜金主义和物欲主义盛行的年代,一本与实利和嗜欲毫不相干的哲学小书居然能一版再版、一印再印,虽然说不上是什么大不了的奇迹,但是也足以让当事人和旁观者在惊愕之余刮目相看了。这起码说明,在我们的社会,毕竟还有一小批热衷"无用"之知,崇尚思想之魂,在精神家园惬意漫游的学人和学子——我的诸多论著和译著正是为他们撰写和翻译的。

作为译者,自己的劳动成果能够得到学术界和广大读者的承认,多年的气力没有白费,其欣忭、欣慰之情自不待言。尤其是,《最后的沉思》又一次重印作为一个触媒,直接触发了我的联想,先前的诸多想法和情致顿时盘桓在我的脑际,余韵袅袅,不绝如缕。借此机会,我愿将其和盘托出,以期引起道合志同者的共鸣。

第一点追想是,思想是不朽的,逻辑是永恒的。正是思想而非

其他,才是生命的真谛,才是生活的意义之所在。我曾经这样写道:

> 亚里士多德有言在先:理智是神圣的,思想是至高无上的,思想就是对思想的思想,以自身为对象的思想是万古不没的。帕斯卡也说过:思想形成人的伟大,人的全部尊严在于思想,思想使我们囊括宇宙。马赫赞美思想是生活的真正珍珠,它能够破唤起并结果实。彭加勒更是把思想的重要性推到极致:思想即是一切,凡不是思想的东西,都是纯粹的无。科学家创造的是人类弥足珍贵的思想,是人类全新的文化信息,他们其中的佼佼者——哲人科学家[①]——更是人类思想史上路标的设置者。这些闪光的思想作为相对独立的本体,已进入波普尔所谓的"世界3"。它们是社会进步和人类自我完善的遗传基因(社会记忆)和智力酵素——因为思想可以产生思想,是须臾不可或缺的无价之宝。[②]

我觉得,像彭加勒《最后的沉思》这样的科学哲学经典名著[③],

---

① 李醒民:论作为科学家的哲学家,长沙:《求索》,1990 年第 5 期,第 51~57 页。上海《世界科学》以此文为基础,发表记者访谈录"哲人科学家研究问答——李醒民教授访谈录",1993 年第 10 期,第 42~44 页。李醒民:哲人科学家:站在时代哲学思想的峰巅,北京:《自然辩证法通讯》,第 21 卷(1999 年),第 6 期,第 2~3 页。

② 李醒民:科学巨星,光耀千秋——《科学巨星——世界著名科学家评传丛书》总序,北京:《科技日报》,1995 年 7 月 2 日,第 2 版。李醒民主编、陕西人民教育出版社1995 年、1998 年出版的《科学巨星——世界著名科学家评传丛书》共出版 11 本。

③ 除了《最后的沉思》(1913)外,彭加勒还有《科学与假设》(1902)、《科学的价值》(1905)、《科学与方法》(1908)。它们均已被商务印书馆列入"汉译世界学术名著丛书"出版。

尽管已经面世百年,但是它们至今依然充满青春活力,继续启迪人们的心智,开阔人们的心胸。可以想象,再过一百年、数世纪乃至更长时间,它们还会像"漫漫长夜之中的一线闪光"[①],为在黑暗中踽踽独行的自由思想者指示通幽之曲径。更不必说,中国先秦诸子百家的箴言,古希腊哲人的睿智,即使在今日依旧熠熠生辉。它们是人类思想的精华,是人类智慧的结晶,是人生意义的积淀。它们尽管已过两千多年,可是感人至深的精神力量不减当年,依然焕发出无穷无尽的生命力。这是思想的不朽,这是逻辑的永恒!

第二点追想是,学术成果是冷板凳坐出来的,新思想是自然喷涌的。学人只有专心致志,心无旁骛,才有可能多少做出一点成绩。把学术当做加官晋爵的敲门砖,视为捞取外快的摇钱树,权欲膨胀,利欲熏心,惶惶不可终日,肯定不会在学术上有所作为。况且,思想是在沉思者的头脑里自然孕育出来的,而不是在任务课题的重压下挤压出来的,在金钱项目的重金堆积下买卖得来的,也不是在形形色色大奖的诱惑下利诱出来的。迪昂言之凿凿:

> 物理学家并未选择他将使理论立足于其上的假设;他不选择它,就像花不选择将使它受精的花粉一样;花使自身满足于敞开它的花冠,让微风或昆虫带来结果实的生殖花粉;物理学家以同样的方式局限于通过注意和思考,把他的思想向下述观

[①]　H. 彭加勒:《科学的价值》(汉译世界学术名著丛书),李醒民译,北京:商务印书馆,2010 年第 1 版,第 177 页。彭加勒的原话是这么讲的:"凡不是思想的一切都是纯粹的无;……思想无非是漫漫长夜之中的一线闪光而已。但是,正是这种闪光即是一切事物。"

念开放:该观念必定在没有他的情况下在他身上播下种子。[1]

这与中国古人作诗一样,"我不觅诗诗觅我,始知天籁本天然"[2]。
当思想者经过多年的沉思,各种资料在他头脑反复切磋琢磨,各种
见解在他心田长期发酵化合,一旦心有灵犀,新思想便呈井喷之
势,此时操觚染翰,无疑笔翰如流,斐然成章。在这种自然而自由
的精神状态下,思想焉能不飞飏,笔端焉能不生花?

　　从1980年代正式步入学门,我就抱定献身学术的人生志向,
以学术为人生追求和价值取向,以精神生命为生命的最高境界。
在三十多年的学术生涯中,我的心境基本上是淡泊的、宁静的,从
来没有迷茫、浮躁、惶恐过。尤其是进入1990年代,在社会取向急
剧转向急功近利,在学术界顿然堕入混沌无序的时候,我从来没有
放弃自己固有的志趣,偏离自己神圣的理念。这里有几个标志性
的历史印记,至今令人难以忘怀。1995年5月,我在为《迪昂》撰
著的"自序"中写道:"既然人近中年皈依学门,那就只有甘于寂寞,
方能修成正果。为此,我以'六不主义'自律,即不当官浪虚名,不
下海赚大钱,不开会耗时间,不结派费精力,不应景写文章,不出国
混饭吃。"[3]两年后写就的阐释和论述"六不主义"的文章,时隔一
年与读者见面[4]。1995年10月,我在"五十述怀"一诗中流露出这

---

　　① P. 迪昂:《物理学理论的目的与结构》(汉译世界学术名著丛书),李醒民译,北
京:商务印书馆,2011年第1版,第316页。
　　② 袁枚:《老来》。
　　③ 李醒民:《迪昂》,台北:三民书局东大图书公司,1996年第1版,第 xii 页。
　　④ 李醒民:我的"六不主义",《自由交谈》,成都:四川人民出版社、四川文艺出版
社,1999年第1版,第107~112页。

样的情愫：

> 世事沧桑知天命，神离红尘耳目清。
>
> 香茗一杯思絮远，任尔东南西北风。

该诗面世是七个月之后的事情了[①]。1996 年 6 月，我为《科学的精神与价值》[②]文集撰写了这样的"题记"：

> 哲学不是敲门砖和摇钱树，因此我鄙弃政治化的官样文章和商业化的文字包装。远离喧嚣的尘世，躲开浮躁的人海，拒绝时尚的诱惑，保持心灵的高度宁静和绝对自由，为哲学而哲学，为学术而学术，为思想而思想，按自己的思维逻辑和突发灵感在观念世界里徜徉——这才是自由思想者（freethinker）的诗意的栖居和孤独的美。

这个"题记"一年多后最先在《爱因斯坦》一书的"后记"中披露出来[③]，成为我的学术座右铭。此后，我在心头酝酿已久、在实践中切实执行的"三不政策"（一是在无"资格"招收博士生的情况下不招收研究生。二是不申请课题。三是不申请评奖）[④]和发表学术

---

① 李醒民：对科学的人文理解——评《科学的历程》，北京：《科技日报》，1996 年 5 月 26 日，第 2 版。南京：《书与人》按原稿全文刊登，1996 年第 5 期，第 62～64 页。

② 李醒民：《科学的精神与价值》，石家庄：河北教育出版社，2001 年第 1 版。

③ 李醒民：《爱因斯坦》，台北：三民书局东大图书公司，1998 年第 1 版，第 544 页。北京：商务印书馆，2005 年第 1 版，第 467 页。

④ 李醒民：不把不合理的"规章"当回事，北京：《自然辩证法通讯》，第 22 卷（2000），第 3 期，第 7～8 页。

论著的"四项基本原则"（绝不趋时应景发表论文，绝不轻易应约发表论文，绝不用金钱开路买发表权，绝不在他人论文上署名）①先后亮相。正是这些信念和情怀，完整地构成我在学术上的取向、态度和旨趣②，也使我找到了作为一个自由思想者的安身立命之所，从而在三十多年"无用的"学术研究中"独钓寒江雪"③（2000年，我把自己的第一个独立书房命名为"寒江雪屋"），一直不改其乐，尽情地享受诗意的栖居和孤独的美④。正因为我较早地认识和坚守这些最普通不过的常识和戒律，尤其是能够不折不扣地身体力行，所以取得了丰硕的学术成果⑤，也提出了一系列不同于传统观点

---

①　李醒民：我为什么从来不……? 北京：《自然辩证法通讯》，第33卷（2011），第2期，第115～119页。

②　李醒民：泛舟学海任西东，葛剑雄、丁东、向继东主编：《望尽天涯路——当代学人自述》，南昌：二十一世纪出版社，2013年第1版，第143～155页。

③　柳宗元"江雪"："千山鸟飞绝，万径人踪灭。孤舟蓑笠翁，独钓寒江雪。"

④　李醒民：自由思想者诗意的栖居和孤独的美，北京：《光明日报》，2011年6月14日，第11版。该文在发表时编者做了部分删节，并去掉标题中的"自由思想者"一词。

⑤　刚刚出版的《学术界》（2013年第5期，封面、第239页）这样介绍封面人物李醒民的学术成就："著有《激动人心的年代》、《两极张力论·不应当抱住昨天的理论不放》、《科学的革命》、《理性的沉思》、《理性的光华》、《彭加勒》、《论狭义相对论的创立》、《马赫》、《伟大心智的漫游》、《人类精神的又一峰巅》、《迪昂》、《爱因斯坦》、《皮尔逊》、《科学的精神与价值》、《纵一苇之所如》、《中国现代科学思潮》、《科学的文化意蕴》、《科学论：科学的三维世界》等。译有（英、日、俄）《列宁与科学革命》、《科学的价值》、《物理学史》、《科学方法讲座》、《巨人箴言录：爱因斯坦论和平》、《最后的沉思》、《科学的智慧》、《科学的规范》、《物理学理论的目的和结构》、《认识与谬误》、《自然哲学概论》、《科学与方法》、《科学与假设》、《爱因斯坦与大科学的诞生》、《霍金与上帝的心智》、《德国的科学》、《科学与哲学演讲录》等。主编有《思想领域中最高的音乐神韵》、《三原色丛书》、《哲人科学家丛书》、《科学思想文库》、《科学巨星——世界著名科学家评传》、《中国科学哲学论丛》、《百年科技启示录》、《科学方法丛书》、《中学生科学素养丛书》、《科学文化随笔丛书》、《见微知著——中国学界学风透视》等。另外，在海内外百余家刊物发表学术论文300余篇。被英国、美国、印度、新加坡等国传记研究中心收入有关国际人名辞典。其学术成就在国内学术界名列前茅，赢得同行专家的好评。而且，也受到美国、俄罗斯等国学者的重视和引用，在国际学术界产生了一定的影响。"

的新看法和超越前人的新思想①。失去诸多实惠和好处,赢得学术和思想,我甘之如荠,安之若素。

第三点追想是,学人是靠他们的论著自立于学术界,鹄立于社会的。唯一能够反映他或她的学术水平和思想创造的,是他或她的文本或论著,而不是什么官位的高低、金钱的多寡、奖项的有无。因此,真正的“研究人”(而非“市场人”)②总是在学术园地默默耕耘,在思想天国纵横驰骋,仅仅让自己的作品说话。他们对官位和权力毫无兴趣,对物质生活极易满足,对形形色色的奖项不闻不问,而对精神生活的追求却永无止境。我的“酒中仙”(2009年1月17日)和“观海宁王静安先生纪念碑”(2009年5月9日)两首诗,透露了我的这种心迹:

> 钟鼓馔玉可有无,浮名虚誉任去留。
>
> 唯愿酩酊醉晓月,羽化登仙最自由。
>
> 人格独立同天壤,思想自由永三光。
>
> 虚名实利若敝屣,丈夫立世腰自刚。

反观眼下,一些学界中人,刻意迎合时尚,蜂拥追逐末流:或身

---

① 李醒民:《激动人心的年代——世纪之交物理学革命的历史考察和哲学探讨》,北京:中国人民大学出版社,2009第1版,第174~186页(“附录一:李醒民教授的学术研究和学术思想”)。

② 皮尔逊把学术中人分为“研究人”和“市场人”。参见李醒民:自由思想和研究的热情——皮尔逊社会哲学一瞥,北京:《自然辩证法通讯》,第22卷(2000),第1期,第21~28页。李醒民:学术界需要“研究人”而非“市场人”,北京:《民主与科学》,2010年第2期,第47~49页。

处院所心萦好爵，为争夺处长官衔趋之若鹜，为争抢理事席位使尽浑身解数，把学术当做加官晋爵的敲门砖；或手持书本梦想发财，上蹿下跳、献金送礼拉课题，赶场兜售僵化教条、贩卖水货假货收红包，把学术视为摇钱树，贻害国家，误人子弟；或眼巴巴地盯着各种奖项，采用不正当手段骗取荣誉，以此作为炫耀的资本，为升官逐利开道铺路。学术界的这些"市场人"往往大权在握，恣意妄为，从而沦为滋生乌烟瘴气的毒瘤，是学术不端和学术腐败的始作俑者或"江洋大盗"①。学术要进步，思想要繁荣，必须呼唤"研究人"回归，喝令"市场人"远离！

第四点追想是，在学术研究中，道德和人格的力量是巨大的，影响是深远的——所谓"文如其人"是也，万万漠视或忽视不得。爱因斯坦的教导是众所周知的："第一流人物对于时代和历史进程的意义，在其道德品质方面，也许比单纯的才智成就方面还要大，即使是后者，它们取决于品格的程度，也远超过通常所认为的那样。"②皮尔逊更是直言尽意，深中肯綮：

科学与神学或哲学一样，就热情的创造与自我约束和自我发展的理想的建立而言，是人格影响的领域。一个人仅仅出于理智的力量，而不受相当于道德力量的东西指导和伴随，他就无法在科学中变得伟大。在理智能力的背后，存在着对真理的献身，对自然的深沉同情，为一个大目标而牺牲所有小

---

① 李醒民：学术"江洋大盗"危害更烈，上海：《社会科学报》，2010 年 4 月 8 日，第 5 版。

② 《爱因斯坦文集》第一卷，北京：商务印书馆，2010 年第 1 版，第 475 页。

利益的决心。①

打开科学史和思想史,人们不难发现,那些伟大的科学家、学问家、思想家,几乎都是品德高洁、人格独立之人。像叔本华那样的没有德行的哲学家,像周作人那样没有骨气的文化人,毕竟只是极少数。试想,一个没有独立人格、自由精神的知识人,怎么能秉笔直书、直言不讳? 一个处处弄虚作假、时时招摇撞骗的知识人,怎么会老老实实地研究,认认真真地探索? 一个心胸狭窄、机心重重、举止猥琐的写作者,怎么能写出大气磅礴、云蒸霞蔚、光风霁月的文字?

　　遗憾的是,伴随社会的世风浇漓、人心日下,伴随学界的学术失范、道德滑坡,在我们的学术共同体(以及教育界、文化界等),不时上演一幕又一幕的"学园现形记":大权炙手,飞扬跋扈,颐指气使,顺昌逆亡者有之;滥用权力,谄上傲下,营私舞弊,腐败堕落者有之;拉拢勾结,狼狈为奸,好处互惠,利益均沾者有之;卑躬屈膝,溜须拍马,阿谀逢迎,八面玲珑者有之;剽窃抄袭,沽名钓誉,混迹学界,制造垃圾者有之;抱作一团,大肆炒作,互相吹捧,共同提高者有之;抛弃原则,不分是非,明哲保身,甘做乡愿者有之;如此等等,不一而足。这么多的假恶丑现象充斥学界,搅得学界永无宁日,遑论真善美的高扬,遑论思想的百家争鸣和学术的百花齐放!

　　第五点追想是,学会拒绝和舍弃。鉴于我以此为题专门写过

---

　　① K. Pearson, *The Grammar of Science*, Fourth Edition, London:J. M. Dent & Sons Ltd., 1937, p. viii.

一篇短文,不妨在这里点击一下"复制"和"粘贴"按钮,把它原原本本①陈放在这里:

　　　　而今的社会光怪陆离,五花八门的实利俯拾即是。稍微有点能耐的,都能瞅准时机,抓住机会,获取或多或少的好处。身处学界的学人,本事自然不会太小,有可能得到的利益可谓多如牛毛。于是,一些学人坐不住冷板凳,面对形形色色的实惠和诱惑,大都来者不拒。更有望眼欲穿者,觊望多多益善,于是迫不及待地破门而出,东奔西跑于诸多场合露脸,上蹿下跳于各个部门通关。

　　　　对这些学人来说,梦寐以求的实惠和垂涎欲滴的诱惑,无非是权力、金钱和名衔而已。其实,说穿了,这些都不该是学人安身立命的家园和最终追求的目标。我并不否定人们对权、钱、名的正当追求;如果他们的追求不妨害他人且有益于或回报于社会,还是应该受到肯定或赞扬的。不过,我还是要建议这些人最好改换门庭,步入政界和工商界谋求发展,因为此处远比学界的天地大、机遇多——学界毕竟不是权力的金字塔和金钱的集散地,也不是绝大多数人能够捞到显赫名声的场所。对于学人而言,还是应该把心思和精力放在学术上,为学术而学术,为思想而思想。一心盯着权、钱、名的学人,肯定不是真学人、真"研究人",而是假学人、假"研究人"或真"市

----

　　① 这里陈放的是原始电子版,标题为"学会拒绝和舍弃"。该文发表时(上海:《社会科学报》,2010 年 9 月 9 日,第 5 版),编者不恰当地将其易名为"让作品说话",并有所删节。

场人"。如果想做真学问，想成真学人，那么就要学会拒绝和舍弃。因为肆力追求权、钱、名，是得不偿失的，也是对学术的亵渎，对自己宝贵生命的无谓耗费。下面，我拟围绕身处学界的学人贪恋权、钱、名的现象，直抒己见，或以儆效尤，或劝勉同人。

先谈我对在学界争权的看法。说实在的，学界没有太多的实权，往往还会受到一些有独立思想和批评精神的学人的审视和监督。在目前的中国，你就是当上科学院院长和大学校长，也得任人摆布，很难按自己的主见行事。随着时间的推移，最终政学是要分家的，政治改革或民主化进程是要推进的。到那时，即便有颐指气使毛病的学官，也不得不作为勤务员为学人服务。由此观之，你当下就是在学界争得一官半职，要干一番轰轰烈烈的事业，也有诸多难处；你想借以捞取名目繁多的名衔倒是有方便之处，而要捞到大把的真金实银，可乘之机也不是太多。况且，官场的规则与学界不同：学界要出新异思想，服从的只是真理；而在官场，想高升就得搞好关系，培植人脉，尤其要对领导驯顺，时时紧跟，察言观色，投其所好。有独立人格、自由思想和怀疑批判精神的人，是无法在官场玩得转的。说句大实话，当下有做官"能力"的人多的是，背熟千篇一律的陈词滥调，会说几句不痛不痒的空话套语，这个官位也就稳坐了。相形之下，学问并不是绝大多数人有能力做的。你没有修炼到一定的程度和境界，只能望洋兴叹。因此，真正具有学力和学养的学人，大可不必为追逐权力而白白荒废自己的真功夫。更何况曹丕早就言明："盖文章经国之大业，不朽之盛事。年寿有时而尽,荣乐止乎其身。二者必至之常期。未若文章之无穷。是以古之作者,寄身于翰墨,见意于篇籍,不假良史之辞,不托飞驰之势,而声名自传于后。"[1]

　　次谈我对在学界捞钱的看法。学界既没有金库,也没有银矿,要想在这个地方淘金掘银,恐怕是选错了去处。即使能捞点油水,想必油水也不会很多,而且败露的几率相对较大。现在,不管怎么说,学人的收入和待遇还是不错的:不仅衣食无忧,而且也能过上比较体面的生活(青年学人另当别论),大可不必把时间和精力用到攫取钱财上。没有钱自然不行,但是钱超过一定的限度,也就变成一种符号,除非你炫富摆阔。因为你的肠胃至多只能盛两公斤食物,你的身体至多只能穿两丈布匹——吃撑了反倒伤身子,穿多了反倒不舒服。如此看来,学人把金钱看得太重,实在没有必要。对于贪财的人来说,钱多了还想再多,永远没个尽头。对于学人来说,有适量的经济基础就过得去了。终日为金钱奔波,在账户数字后边没完没了地添零,是没有多大意义的。学人有多少金钱就足够了?我的回答是:如果你拥有的钱财能够保障你干自己感兴趣的事情,不干自己不感兴趣的事情,此时你的钱财就足够了。多出这个数字的,就是多余的,就是可有可无的身外之物。台湾的两则智慧小品值得人们深思:"钱能买到的东西,最后都不值钱。""与其说你赚钱,不如说你被钱赚,因为钱赚走了你的青春、时间、体力和生命。"

---

① 曹丕:《典论·论文》。

后谈我对在学界沽名的看法。人人都希望出名,学人也不例外,所谓"人过留名,雁过留声"是也。希望出名,这本身并不是什么坏事,也许还不失为人们进步的一种动力。但是,出名要靠自己的真才实学和学术成就,这乃是水到渠成之事,而不能不择手段地恣意攫取。出名应该出的是交口赞誉的好名声,而不是浮名虚誉,更不是窃名盗誉。而且,学人不能为出名而出名,他们应该把心思用在做学问上,为学术而学术。作为学人,要有"虚名实利若敝屣,丈夫立世腰自刚"的旨趣,"钟鼓馔玉可有无,浮名虚誉任去留"的襟抱。不过,作为学界和学术共同体,应该通过学术评价和学术奖励等体制建设,尽可能使学人能够实至名归:让高水平者赢得应有的学衔和荣誉,让学术南郭和学术混混的图谋永远无法得逞。现在,学术失范,学风浇漓,学界不正之风蔓延肆虐;其结果,"研究人"默默无闻,"市场人"弹冠相庆,以致造成实至而名不归、实不至而名就的不正常局面。这对学界来说害莫大焉,对学术的侵蚀和危害是致命性的,必须正本清源,加以纠正! 不过,面对这种乱象,真正的学人大可不必耿耿于怀,埋头干好你手头的事情就了。在这里,我拟针对沽名钓誉者的逢场作戏和自吹自擂,引用萧伯纳的一句名言:"闭住你的嘴,让你的作品说话!"

学术研究的一个主要特点是凭本事吃饭,对外界依赖不是太多,人事关系较为单纯,歪风邪气相对较少,一旦出现违反学术规范的事件也比较易于揭露和纠正。当今之世,最大的力量莫过于权力和金钱,但是权力和金钱在学术共同体并非畅行无阻。你的权力再大,也不见得能发明爱因斯坦的相对论;你的金钱再多,也不见得能写出康德的三大批判书。即使你拿钱买来显爵,用权弄到盛名,也很难得到学界的承认,更得不到学人内心的叹服。在这里,我再次建议,看重权力和金钱的学人,最好改弦易辙,另谋发展,勿要把学术当做敲门砖和摇钱树。我再次规劝,还想待在学界的学人,请坚定自己的学术目标,明确自己的人生追求。心中具有自己的人生价值坐标,在诸多可供选择的事项面前,很容易形成自己的主见,做出正确的决策,从而把有限的时间和生命放在最有精神价值和永恒意义的追求上。此时,再炙手可热的权力,再车载斗量的金钱,再风举云摇的名衔,你也会安如磐石,毫不犹豫地予以拒绝和舍弃的。

追想联翩情未了,抚躬自问感触多。仰望苍天,俯对众生[①],自觉三十余年的学术生涯言信行果[②],坦坦荡荡,问心无愧,心安理得。孔子曰:"知者不惑,仁者不忧,勇者不惧。"[③]在漫长的学术历练和自我修养中,我始终把这句箴言作为我追求的目标,属望今生最终能够做一个不惑的知者,不忧的仁者,不惧的勇者。当然,这也许是一个终生难以企及的理想,但是"'高山仰止,景行行止。'虽不能至,然心乡往之。"[④]何况,在追求远大目标的过程中,我毕

---

① 《孟子·尽心上》:"仰不愧于天,俯不怍于人。"
② 《礼记·中庸》:"言必信,行必果。"
③ 《论语·子罕》。
④ 《史记·孔子世家》。

竟多少领悟到其中的妙趣,体验过其中的胜境——这个过程恐怕
比结果更重要、更迷人。我的近作"辞职退课之后"(2009 年 11 月
27 日)、"述怀"(2009 年 12 月 3 日)和"退休三年有半"(2013 年 1
月 3 日)三首诗,也许部分反映了我在求索过程中的情韵和心声。
在此,我欲效野人献芹,聊表微意寸心,仅博一哂而已:

> 弃案绝丝一身轻,心灵自由人之精。
> 究际通变吾最爱,泛舟学海任西东。

> 素来卓立不同流,兴至戏与强权牛。
> 独善其身分内事,兼济天下岂敢丢。

> 弃案肩头轻,绝丝心扉宁。
> 操觚凉炎夏,吟咏暖寒冬。
> 披月听林涛,迎旭览丘峰。
> 有旧载酒来,醉美肉与灵。

李 醒 民

2013 年 6 月 22 日于京西"侵山抱月堂"